西瓜甜瓜

集约化育苗技术精编

◎江 姣 于 琪 靳凯业 主编

中国农业科学技术出版社

图书在版编目（CIP）数据

西瓜甜瓜集约化育苗技术精编 / 江姣，于琪，靳凯业主编．-- 北京：中国农业科学技术出版社，2024.6

ISBN 978-7-5116-6817-2

Ⅰ. ①西… Ⅱ. ①江… ②于… ③靳… Ⅲ. ①西瓜－育苗 ②甜瓜－育苗 Ⅳ. ① S65

中国国家版本馆 CIP 数据核字（2024）第 097280 号

责任编辑 费运巧 刁 毓
责任校对 马广洋
责任印制 姜义伟 王思文

出 版 者 中国农业科学技术出版社
北京市中关村南大街 12 号 邮编：100081
电　　话 （010）82106641（编辑室）（010）82106624（发行部）
（010）82109709（读者服务部）
网　　址 https://castp.caas.cn
经 销 者 各地新华书店
印 刷 者 北京中科印刷有限公司
开　　本 148 mm × 210 mm 1/32
印　　张 5.125
字　　数 121 千字
版　　次 2024 年 6 月第 1 版 2024 年 6 月第 1 次印刷
定　　价 39.80 元

西瓜甜瓜集约化育苗技术精编

编 写 委 员 会

主　　编： 江　姣　于　琪　靳凯业

副 主 编： 芦金生　贾文红　董　帅　左骥民　汪希栋

编写人员： 哈雪姣　潘　林　李　婵　代艳侠　刘继培　曾　烨　李　晨　赵　跃　黄　楠　李　婷　马　超　夏　冉　孙雪娜　张　扬　崔广禄　李　桐　李金萍

前 言

本书由北京市大兴区种植业技术推广站专家及瓜类作物科一线生产技术人员编写，以图文相结合的方式，详细介绍了近几年我国西瓜甜瓜集约化育苗技术与生产过程中的常见问题，以期促进新优集约化育苗技术的推广应用，帮助种植户与农业技术人员深入掌握西瓜甜瓜新优育苗技术，加快育苗场与育苗大户对西瓜甜瓜育苗技术的更新换代，推动西瓜甜瓜育苗产业的发展。本书内容丰富、翔实，技术性强，语言简练，可供广大瓜农及一线农业技术推广人员学习参考。

目　录

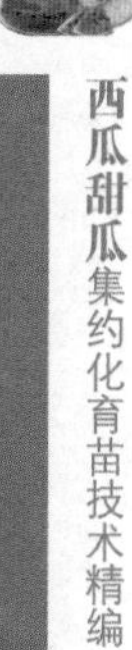

第五章 西瓜甜瓜常见病虫害防控新技术 133

参考文献 149

第一章

概　述

一 全球西瓜甜瓜育苗产业发展概况

全球西瓜甜瓜育苗产业市场规模稳步增长，年复合增长率保持在5%～10%，主要分布在欧洲、北美和亚洲地区，其中美国、加拿大、荷兰、西班牙等国家育苗产业发展较好并占有较高市场份额。全球育苗产业逐渐朝着高效、环保、智能化方向发展，各国纷纷采用现代化育苗设施和智能化管理技术提高产量和品质。

随着科学技术的不断提高，国内外西瓜甜瓜产业也发生了巨大的变化。全球范围内，中国、伊朗、土耳其、印度、巴西西瓜产量位居前五；中国、土耳其、伊朗、埃及、印度是位居前五的甜瓜生产国。从表1-1可以看出，2023年中国西瓜产量为6 300万吨，约占全球总产量的60%，是全球最大的西瓜生产国。西瓜是中国夏季的主要水果，生产的西瓜大多内销。伊朗也是西瓜的主要产地之一，产量在全球排名第二，该国的西瓜大多出口到其他国家，仅小部分内销。土耳其在全球西瓜生产国中排名第三，主要在安塔利亚地区种植，2023年总产量为403万吨。印度是世界第四大西瓜生产国，主产区包括卡纳塔克邦、安得拉邦、奥里萨邦、北方邦、西孟加拉邦、泰米尔纳德邦和中央邦。阿尔及利亚地域广阔、气候温和、土地肥沃，非常适合种植西瓜，2023年产量达到了209万吨。俄罗斯的西瓜种植区域主要集中在南部地区，这些区域土壤肥沃，气候非常适合西瓜的生长，再加上西瓜种植难度小，因此西瓜也是俄罗斯夏季常见水果。乌兹别克斯坦夏季炎热，光照充足，适合西瓜生长，种植了大量的西瓜用于出口。越南是全球第九大西瓜生产国，西瓜种植区主要集中于南部地区，生产出的西瓜大多用于出口，其中很大一部分出口到中国。美国人非常喜欢西瓜，每年都要

进口大量的西瓜，同时也是十大西瓜生产国之一。

表 1–1　2023 年全球西瓜生产情况

排名	国家	产量 / 万吨
1	中国	6 300
2	伊朗	411
3	土耳其	403
4	印度	252
5	巴西	224
6	阿尔及利亚	209
7	俄罗斯	197
8	乌兹别克斯坦	183
9	越南	153
10	美国	117

甜瓜在全球范围内都有种植，尤其在气候温暖的地区种植更为普遍。随着农业技术的不断进步，甜瓜的市场规模日渐庞大且不断增长，品种和品质也在不断优化。根据最新数据，全球甜瓜市场在 2020 年达到了 500 亿美元，预计到 2025 年将增长至 750 亿美元，这主要是由于人们对饮食健康的重视和对高品质水果的追求。甜瓜在许多国家和地区是主要水果，如中国、印度、美国等。从甜瓜种植面积看，2019 年中国、土耳其和印度在全球名列前三，三个国家种植面积之和占全球的 50.01%。从区域分布看，在全球甜瓜种植面积排名前十的国家中，有 5 个亚洲国家、1 个欧洲国家、3 个北美洲国家和 1 个非洲国家，这 10 个国家拥有全球 71.94% 的种植

面积（表 1–2）。

表 1–2　2019 年世界甜瓜生产情况

排名	国家	产量 / 万吨
1	中国	1 354.15
2	土耳其	177.71
3	印度	126.60
4	哈萨克斯坦	104.12
5	伊朗	85.41
6	埃及	74.26
7	美国	70.50
8	西班牙	66.02
9	危地马拉	64.77
10	墨西哥	62.71

二　我国西瓜甜瓜育苗产业发展现状

（一）西瓜甜瓜产业在我国的重要地位

在我国，西瓜甜瓜已有千年的种植历史，由于其含有丰富的葡萄糖、苹果酸、维生素 C、维生素 A、维生素 B_1 和维生素 B_2 等多种营养成分，瓜瓤脆嫩、汁多味甜、清热解暑，并且具有治疗和保健等药用价值，因此深受人们的喜爱，是我国传统的夏令水果，在夏季水果市场中占有极其重要的地位，占夏季上市水果总量的 70% 以上。西瓜甜瓜的栽培周期短，比较效益高，能够显著增加农民收

入，是农业增收、增效的优势产业之一，已成为我国具有国际竞争力和较大经济增长空间的重要园艺作物。

全球范围内，西瓜甜瓜产业快速发展，种植面积、总产量和产值不断攀升。我国西瓜甜瓜产业已步入提质增效发展阶段，总产分别占全球 61% 和 50%，自给率分别为 99% 和 100%，单产是世界平均水平的 1.4 倍，人均消费领先全球，国人的“吃瓜自由”早已实现。2021 年，我国西瓜种植面积为 150 亿平方米左右，产量约为 6 200 万吨，占世界总产量的 60.6%，平均单产逐年提升，居前列；甜瓜种植面积稳步小幅增长，2021 年种植面积为 39.4 亿平方米，总产量约 1 356 万吨，占世界总产量的 49.2%，平均单产逐年提升，居世界前列（数据来源：FAO）。我国西瓜甜瓜四季生产与周年供应基本平衡，人均消费量与优质品率国际领先。2021 年，中国人均消费西瓜 43.3 千克，是世界平均水平的 3.3 倍，是国外平均水平的 6.9 倍；2021 年，中国人均消费甜瓜 9.6 千克，是世界平均水平的 2.5 倍，是国外平均水平的 3.2 倍。

单产提高是我国西瓜甜瓜产量增长的主要因素。2021 年，我国西瓜单产为 41.33 吨 / 公顷，是世界平均水平的 1.3 倍。2000 年以来，西瓜单产提高对总产增加的贡献率达 160%。2021 年，我国甜瓜单产为 34.41 吨 / 公顷，是世界平均水平的 1.3 倍（数据来源：FAO）。2000 年以来，甜瓜单产提高对总产增加的贡献率达 76%。科技创新与示范在支撑西瓜甜瓜单产提高以及有效供给上发挥了重要作用。

西瓜甜瓜季节性价差呈减小趋势，周年均衡供应大大提升。西瓜甜瓜市场价格逐年升高，呈明显季节性变化，但季节性价差呈减小趋势，市场供应逐渐向均衡发展，产业整体效益稳步提升。

我国西瓜甜瓜产业存在的结构性矛盾与问题，主要包括成本上涨、比较效益呈下降趋势，资源环境恶化、限制瓶颈压力增大，结构性不平衡、产销对接与优质优价循环不畅，优质品率待提升、质量安全隐患突出，产品竞争力有待提高，“三率”（土地产出率、资源利用率和劳动生产率）协同提升有待突破等。

（二）我国西瓜甜瓜育苗产业发展

育苗是指通过人工种植的方式培育出优质的种苗，为农业生产提供良好的种植基础。育苗产业通过种子筛选、播种、管理等环节，为农民提供种苗供应与技术支持，对保障农业生产良性发展有重要的作用。

20 世纪 70 年代欧美等发达国家率先开始了工厂化穴盘基质育苗。随着产业体系的不断完善，种苗生产已分化成为一个独立行业，实行工厂化生产。生产过程中基质装填、播种、环境控制、水肥管理基本上实现了自动化、智能化。育苗产业的规模化、专业化生产促进了园艺产业的快速发展。20 世纪 80 年代中期，北京市农林科学院蔬菜研究中心率先从美国引进了塑料穴盘工厂化育苗技术，拉开了我国集约化育苗的序幕。近年来，西瓜甜瓜育苗行业呈现出快速发展的趋势，主要表现在技术先进、品种丰富、质量保障与市场需求扩大等方面。2022 年中央一号文件特别提出集中建设育苗工厂化设施，2023 年中央一号文件进一步明确提出加快发展蔬菜集约化育苗中心。可以说，我国高度重视设施农业，尤其重视蔬菜“育苗”这一关键环节。目前，我国蔬菜年种植面积稳定在 3.2 亿亩（1 亩 ≈667 平方米，全书同）以上，总产量 7 亿吨以上，生产和消费均居世界首位。自 2006 年以来，集约化育苗成为国内

农业主管部门主推技术，蔬菜集约化育苗产业蓬勃发展，约有2/3常年生产的蔬菜采用育苗移栽，年移栽需苗量7 000多亿株，其中蔬菜商品苗约3 500亿株。集约化育苗的作物品种主要包括番茄、辣椒、茄子、黄瓜、西瓜、甜瓜、西葫芦、甘蓝、花椰菜、青花菜、芹菜、叶用莴苣（生菜）等。随着我国瓜菜集约化育苗产业的发展，有效促进了全国瓜菜产业高效、可持续发展。相较于传统的瓜菜分散育苗，集约化育苗有着无可比拟的优势。

1. 技术先进

随着科技的进步，育苗产业逐渐引入了自动化设备和先进的技术手段，例如浸种处理技术、恒温恒湿系统、灌溉喷雾技术等，有效提高了种苗的质量和产量。

2. 品种丰富

育苗产业在品种选择上越来越注重市场需求和农业发展，丰富的品种能满足市场对不同口味、营养价值和种植要求的需求，农民在种植过程中更加灵活多样化。

3. 质量保障

为了确保种苗的质量，育苗产业的生产过程需严格规范，定期进行产品质量检测和安全卫生监测，以满足国家卫生标准，保证种子的萌发率和抗病虫害能力。

4. 市场需求扩大

随着人们对健康饮食关注的增加，育苗产业迅速扩大，逐渐成为农业产业链中不可或缺的重要环节。

（三）西瓜甜瓜育苗产业发展趋势

1. 可持续发展

随着人们环保意识的增强，未来育苗产业将更加注重品质、安全和环保，越来越注重可持续发展。西瓜甜瓜生产要采用绿色、环保的育苗方式与种植技术，加强植物检疫，减少环境污染和资源浪费，按照循环农业的发展要求，将农业废弃物利用作为资源循环的一个环节。

2. 创新科技

随着科技的进步，传统育苗方式正逐渐向智能化、创新型方式转变，未来将有更多的技术和装备应用于育苗产业，例如无土栽培技术、生物技术，以及自动化设备（如智能温室、育苗机器人）等，都将提高育苗的效率和质量，减少人力投入与作物病害，并为种植户提供更加便利的种苗选购渠道。

3. 多元化需求

随着人们生活水平的提高和消费观念的转变，对种植的需求也将多元化。人们追求不同品种、口感、颜色和营养价值的农产品，促使育苗行业不断推陈出新，研发适应市场需求的新品种。

4. 专业化分工

针对不同品种的特点和需求，育苗企业实行专业化分工，成立专门的团队负责不同品种的育苗工作，提高育苗的专业性和质量。

5. 品牌建设与市场竞争

随着育苗产业的发展，品牌建设越来越重要。具有知名度和良好声誉的育苗企业更有竞争力，因为消费者信赖这些品牌，并愿意为质量有保证的种苗付出更高的价格。

西瓜甜瓜育苗产业已在技术进步、品种丰富、质量保障和扩大市场需求等方面取得了显著的成就。未来，西瓜甜瓜育苗产业将继续朝着可持续发展、创新科技、多元化需求、专业化分工和品牌建设等方向发展。随着人们对健康绿色生活方式的追求不断提升，育苗产业在农业产业链中的地位将进一步得到巩固和提升，为保障粮食安全和提高农业生产水平发挥重要作用。集约化育苗具有专业化、规模化、标准化等突出特点，可将传统一家一户高耗、低效、高风险的西瓜甜瓜育苗方式转变为低耗、高效、低风险的集中育苗方式。

苗是西瓜甜瓜产业发展基础，集约化育苗是西瓜甜瓜产业高质量发展必然需求，是新形势下西瓜甜瓜产业发展的方向。科技创新将不断促进育苗产业和西瓜甜瓜产业向优质、安全、高质量的方向蓬勃发展。

（四）我国西瓜甜瓜育苗设施

我国设施栽培历史悠久，为人类设施园艺的创立与发展作出了卓越的贡献，但由于各方面原因，后续发展较为缓慢。1978 年，全国园艺设施总面积仅有 5 302.65 万平方米。20 世纪 80 年代中后期，设施园艺开始进入大踏步发展时期，由最初以塑料小拱棚、阳畦等小型设施为主，发展到覆盖塑料大中棚、日光温室和节能日光温室、遮阳网覆盖栽培、无土栽培、智能化大型连栋温室等大型保护地设施类型。2008 年，全国园艺设施面积达到 350.18 亿平方米，其中，蔬菜约 334 亿平方米，水果约 7 亿平方米，设施花卉面积约 6 亿平方米，其他约 2 亿平方米。

我国自主创制的节能型日光温室及其相应配套栽培技术，可以

实现在 -20～-10℃条件下，不进行加温生产西瓜甜瓜、喜温蔬菜和草莓等，其节能技术居于世界领先地位。遮阳网覆盖技术已经成为我国夏季设施园艺栽培的主体技术，在南方地区，大范围推广使用的遮阳网覆盖技术具有显著的保护和降温作用，并且能够抵御暴雨和雹灾，是南方地区夏季蔬菜抵御自然灾害和灾后恢复生产的关键技术。以上两项重要设施栽培技术的推广应用，解决了淡季蔬菜和超时令瓜果生产的重大技术难题，实现周年供应新鲜蔬菜瓜果，完成了使广大城乡居民由“有什么吃什么”到“想吃什么有什么”的历史性跨越。

20 世纪 90 年代后期，北方地区也开始大面积应用设施栽培技术，包括西瓜、甜瓜、葡萄、桃、樱桃、李、杏等水果，改写了我国北方地区冬季春季不能生产水果的历史，延长供应期 60 天左右。随着设施园艺的发展，设施生产逐渐由园艺领域拓展到其他种植业、畜牧业、水产养殖业等领域，加快了中国特色设施农业的深入发展。

育苗是农业生产的重要环节之一，我国地域广阔，各地气候条件、育苗季节、育苗场所和生产者的技术水平不同，采用的育苗设施也不尽相同，主要分为以下 5 种。

（1）阳畦。阳畦又称为冷床、阳畦洞子。东西延长，宽 1.5～2 米，长 10～20 米，床深 15～20 厘米。北面设风障，上面覆盖透明物（玻璃或塑料），夜间盖草苫。这种由畦框、覆盖物、风障三大部分组成的育苗床，有省工、省料、操作简单、便于就地取材的特点，可以用于移苗或播种早春耐寒菜。

（2）酿热温床。酿热温床是在阳畦的基础上，进一步挖深床

底，在底部铺放一层酿热物，通过酿热物发酵释放出来的热量加热床土，提高床温。但酿热物一旦开始发酵散热，就很难控制，苗容易徒长。

（3）火道温床。火道温床与阳畦结构基本相似，但是在床土下设有火道，火道与火炉相通。点燃火炉，烟火及加热的空气沿烟道进入烟囱，将热量传给床体，加热床土，提高床温。

（4）电热温床。电热温床是用特制的农用低热加热线，改善床温。加热后地温适宜，出苗整齐、根系发达、苗齐苗壮。如果使用控温仪器控制温度，温度可自控，省工、省力、便于管理。

（5）架床。架床是育苗棚内的一种育苗设施，在育苗棚中光、热最适宜的地方，架各种形式的冷床、酿热温床、电热温床、苗床，基本可以不用人工加热，不影响其他蔬菜生产。

在育苗生产过程中，除了使用以上设施以外，还需要使用一些设施设备来提高育苗效率和育苗质量。

（1）育苗盘。育苗盘是育苗用的种植容器，一般采用聚苯乙烯材质制成，具有保湿性好、透气性好、重量轻、不易变形等优点。常见的育苗盘有方形、圆形、六边形等形状，大小也不一。

（2）发芽箱。发芽箱用于控制温度、湿度、光照等条件，加速种子发芽和幼苗生长。发芽箱一般由箱体、加热器、水箱等组成，通过调节箱内温度和湿度来促进种子发芽和幼苗生长。发芽箱可以根据种植需求定制，如加装二氧化碳供应系统、增加自动控制系统等。

（3）育苗棚室。育苗棚室可以为育苗提供温暖、湿润、稳定的生长环境，有助于种子发芽和幼苗生长。常用的育苗棚室有塑料薄膜大棚、玻璃温室、PC 板温室等。育苗棚室可以根据不同的种植需求进行改装，如增加通风设备、加装防风设备等。

（4）灌溉设备。灌溉设备在育苗中不可或缺，可以提供适宜的水分供给，促进幼苗生长。常用的灌溉设备有滴灌系统、喷灌系统、微喷灌系统等。这些灌溉设备可以根据育苗需求定制，如可以根据不同作物的生长需要，调整灌溉频率和水量等。

（5）照明设备。在阴雨天气或光照不足的情况下，使用照明设备可以为幼苗提供足够的光照，促进幼苗生长。常用的照明设备有荧光灯、LED 灯等。这些照明设备可以根据不同的育苗需求定制，如根据育苗盘的大小和形状，选择合适的照明设备，调整光照时间和强度等。

（6）控温设备。在育苗过程中，保持温度适宜十分重要，因此常用的设备有加热器、空调等，在低温环境下加热，或者在高温环境下降温，保证育苗环境的稳定性和适宜性。控温设备可以根据育苗需求定制，如根据育苗棚室的大小和结构，选择合适的加热器或空调等。

（7）测量仪器。育苗过程中，需要对温度、湿度、光照、二氧化碳浓度等进行实时监测和调整。常用的测量仪器有温湿度计、光照度计、二氧化碳浓度计等，监测育苗环境的变化，并作出相应的调整。

（8）消毒设备。在育苗过程中，为了防止病害的发生和传播，需要对育苗设施和器具进行定期消毒。常用的消毒设备有紫外线消毒灯、高压蒸汽消毒器等，可以杀灭细菌和病毒，保证育苗的健康和安全。

（9）其他设施设备。育苗过程中还需要一些其他设施设备，如育苗土、肥料、插条器、割枝器等，这些设施设备可以根据不同的育苗需求进行选择和定制。例如，育苗土可以根据不同作物的生长需求和土壤环境进行配制，肥料可以根据作物的营养需求选择施用，插条器和割枝器用于繁殖和修剪等工作。

（五）我国西瓜甜瓜主产区及主要栽培模式

1. 西瓜主产区及主要栽培模式

我国西瓜主产区分布广泛，主要优势产区分为东北露地西瓜主产区、西北压砂西瓜主产区、黄淮海大中棚西瓜主产区、华北露地西瓜主产区、长江中下游中小棚西瓜主产区、华中露地西瓜主产区和华南露地西瓜主产区。其中，南方以海南省为主要产区，海南省因其独有的气候一年四季均盛产西瓜；北方以北京市、山东省为主要产区，山东省主要集中在鲁西北地区的聊城市、潍坊市、德州市等地，其中 5 月 1 日前后出产的早熟品种尤以北京市大兴区、山东省昌乐县尧沟镇西瓜最为出名，分别有“中国西瓜之乡”及“中国西瓜第一镇”的美誉。我国西瓜生产面积过亿平方米的省份包括山东省、河南省、河北省、安徽省、江苏省、浙江省、湖北省、江西省、黑龙江省等，其他重点产区还包括新疆维吾尔自治区、甘肃省、湖南省、贵州省、辽宁省、内蒙古自治区、宁夏壮族自治区等。

我国西瓜栽培的主要模式包括西北压砂瓜高效优质简约化栽培模式、北方露地中晚熟西瓜高效优质简约化栽培模式、南方中小棚西瓜高效优质简约化栽培模式、南方露地中晚熟西瓜高效优质简约化栽培模式、华南反季节西瓜高效优质简约化栽培模式、城郊型观光采摘西瓜栽培模式等。其中，普通露地栽培覆盖北方和南方的大多数地区，每年6—7月采收；东北、西北地区的露地栽培，每年8—9月采收；南方的广东省、广西壮族自治区、海南省等地的冬春季栽培，每年12月至翌年4月采收；华北、西北、东北的日光温室栽培，每年4—6月采收。

2. 甜瓜主产区及主要栽培模式

我国早期甜瓜生产大多集中在自然生态条件适合的地区，由于多数甜瓜品种喜好阳光充足、干旱少雨的生长环境，因此，西北地区成为我国甜瓜最重要的产地。目前，除西北地区外，通过保护地设施（日光温室、塑料大棚）建设，我国东南沿海人口稠密的长江三角洲、京津地区、山东半岛、海南岛等邻近大城市的部分地区也涌现出一批新型高质量甜瓜产地。新兴的保护地商品甜瓜产地有上海市的浦东新区、嘉定区，河北省的廊坊市，山东省的聊城市、潍坊市，河南省的周口市和海南省的三亚市，北京市的大兴区等。目前，我国甜瓜西部地区种植面积占比37.7%，产量占比35.2%；东部地区种植面积占比29.6%，产量占比34.6%；中部地区种植面积占比23.7%，产量占比22.3%。20世纪80年代，厚皮甜瓜保护地栽培被广泛推广并快速发展，甜瓜的栽培区域发生了很大的变化，大致分为西北厚皮甜瓜露地栽培区、东北薄皮甜瓜栽培区、长江流域甜瓜栽培区、华北设施甜瓜栽培区和华南哈密瓜保护地无土栽培区五个栽培区。

西北厚皮甜瓜露地栽培区主要包括面积最大的新疆维吾尔自治区全境（以哈密瓜为主）、甘肃省的河西走廊与兰州市附近、青海

省湟水流域、宁夏回族自治区银川市与灵武平原、内蒙古自治区西部巴彦淖尔市等地。该产区的甜瓜生产方式主要是露地栽培，近年逐渐开始少量试用保护地栽培。本栽培区一部分生产中晚熟的哈密瓜品种，间有少量早熟品种黄旦子（新疆维吾尔自治区全区）；一部分生产早熟品种和中早熟品种，如玉金香、河套蜜瓜（铁旦子）、黄河蜜、白兰瓜等。

东北薄皮甜瓜栽培区主要包括黑龙江省、吉林省、辽宁省和内蒙古自治区东部等地区。该栽培区广泛种植薄皮甜瓜，为当地生产的主要水果，大多为较粗放的露地栽培，局部地区有保护地栽培，如大庆市、大连市郊区的厚皮甜瓜日光温室、塑料大棚栽培，以及辽宁省其他地区的薄皮甜瓜大棚栽培。

长江流域甜瓜栽培区主要包括江苏省、浙江省、上海市、安徽省、江西省、湖北省等地区。本区内主要是露地栽培的薄皮甜瓜和保护地栽培的厚皮甜瓜。

华北设施甜瓜栽培区主要包括河南省、山东省、河北省、陕西省、山西省、北京市、天津市等地区，设施栽培模式包括日光温室、塑料大棚和小拱棚。特早熟的日光温室栽培模式为华北地区所独创，薄皮甜瓜品种以各地的地方优良品种为主，厚皮甜瓜品种以早熟光皮类为主。

华南哈密瓜保护地无土栽培区主要包括珠江三角洲地区和海南省南部地区。该栽培区主要模式为自20世纪90年代发展起来的塑料大棚哈密瓜中早熟优质品种的无土栽培，该栽培模式发展较快，所取得的经济效益较高，为该区新兴的精品甜瓜亮点。该区薄皮甜瓜露地栽培面积较少。近年来，海南省南部也逐步推广发展成本较低的简易大棚哈密瓜无土栽培生产模式，并取得了较好的经济效益。

我国甜瓜的主要栽培模式包括西北露地厚皮甜瓜高效优质简约化栽培模式、北方设施甜瓜早熟高效优质简约化栽培模式、南方中小棚甜瓜高效优质简约化栽培模式、华南反季节甜瓜高效优质简约化栽培模式和城郊型观光采摘甜瓜栽培模式。

（六）我国西瓜甜瓜栽培品种

近年来，我国共引进西瓜甜瓜种质资源 1 000 余份。随着栽培技术和管理技术的日益提高，品种结构也得到进一步优化。

以前，西瓜甜瓜育种曾经一度着眼于大果型、容易坐果、高产量等优良农艺性状，而对实际销售市场的需求缺乏考虑。随着市场经济的不断发展以及我国家庭模式的变化，家庭人口规模逐渐减少，生活水平不断提高，对西瓜甜瓜品种提出了不同需求，品种单一的大果型品种需求量不断下降，而瓜型大小适中、品质优良、花式多样的小果型西瓜、无籽西瓜、甜瓜品种越来越受到人们的青睐。近年来无籽西瓜的研究取得了长足进展，扩大了无籽西瓜的栽培面积、增加了品种数量，育成了四倍体西瓜，选配出一些极具推广价值的三倍体无籽西瓜组合，并育出了染色体易位的新品系。此外，在无籽西瓜无性繁殖研究领域，尤其是组织培养和嫁接方面的研究都取得了突破性进展，为无籽西瓜的生产发展开辟了一条新途径。

礼品西瓜以及特色瓜是近年来我国各育种单位相继推出的在生产上广泛种植的“新宠”。继我国台湾地区率先育成“红玲”“秀

玲”“宝冠”“小兰”“金兰”“黑美人”“特小凤”等一批优良特色品种之后，大陆地区一些单位也先后培育出各具特色的礼品西瓜，如湖南省瓜类研究所培育的“红小玉”“黄小玉”“金福”“小玉红无籽”、北京市农业技术推广站培育的“红小帅”“黄小帅”“北农佳丽”、广西壮族自治区种子公司培育的“小红玲”、安徽省农业科学院育成的“秀丽”、江苏徐淮地区淮阴农业科学研究所育成的“苏梦6号”等一系列品种。

（七）我国西瓜甜瓜育苗产业存在的问题

1. 种苗标准化、机械化生产程度低

集约化、机械化生产能够从单位面积的土地上获得更多的农产品，提高土地生产率和劳动生产率，减轻体力劳动。集约化和机械化程度低，市场信息收集与反馈、技术推广、生产标准化管理和质量监控等难度就会加大，造成生产效率降低、生产成本增加，影响科技和良种的推广和应用，不能更好地适应市场竞争的要求。

我国西瓜甜瓜育苗产业已初具规模，部分育苗基地配备有自动播种机、恒温催芽室、嫁接机、智能灌溉系统、补光增温灯等专业育苗设施。但是，先进育苗设施普及率与利用率仍然较低，育苗生产过程缺乏年轻高水平的生产人员、标准化技术管理人员以及相应的质量控制标准，标准化种苗生产仍需加强。

2. 劳动力雇佣成本高

随着城市化的发展，人口流动性增大。农村年轻劳动力外出就业人数呈不断增长态势，造成农村劳动力老龄化，劳动力成本日益升高。以北京著名西瓜品牌“大兴西瓜”生产实际为例，2016年

雇佣劳动力成本为每人每天 120 元，2022 年已经达到每人每天 160 元。大兴区瓜农老龄化现象严重，平均年龄 52 岁。因此，在比较效益较低的情况下，整个育苗期都雇佣劳动力也是一笔比较大的支出。

3. 品牌构建意识弱

我国西瓜甜瓜集约化育苗基地数量不少，但是缺少自有育苗品牌，品牌构建意识薄弱，有碍于发展苗木健壮、成活率高的优质品牌产品。品牌意味着高质量、高信誉、高效益、低成本。在创建品牌和扩大品牌覆盖面的过程中，只有优化产品结构、提高技术含量和科学化管理才能使品牌不断发展壮大起来，才能更具影响力和市场竞争力。我国西瓜甜瓜育苗产业要创造自己特有的品牌和有效的推销手段，保护生产经营者的合法利益，帮助消费者加强对优质西瓜甜瓜种苗的识别和选择。

因此，要大力宣传品牌意识，加强对西瓜甜瓜育苗产业从业人员终端品牌观念的宣传、培训，建立优质种苗品牌，拓宽育苗市场。

4. 生产过程损耗高

育苗产业要平稳健康发展，就要适应市场需求，形成低耗高产的良性生产机制。但是在实际生产中，西瓜甜瓜接穗、砧木播种的出芽损耗，幼苗嫁接的死苗损耗，嫁接后管理的死苗损耗，苗期病害损耗，以及出苗销售的损耗，都是育苗基地的成本损耗。生产优质、健壮的商品苗是育苗产业的生产目标，也是瓜农和育苗市场的实际需求。因此，降低生产损耗，提高产出，从而增产增收显得尤为重要。

5. 病害、灾害性天气影响严重

猝倒病、叶斑病、白粉病、病毒病、蔓枯病、炭疽病等是西瓜甜瓜生产中常见的病害，这些病害可能会发生在西瓜甜瓜生长发育的某个时期或者同时发生，造成减产、品质下降以及商品价格降低。此外，新病害扩大发生，细菌性果斑病导致的嫁接苗受损以及果实后期危害比较严重，加上瓜农随意用药导致病害抗药性及环境污染等问题比较突出。黄瓜绿斑驳花叶病毒病在部分地区有扩大发生趋势，黄化类病毒病在部分产区已成为头号病害。

6. 种子生产基地落实难、价格高、质量低

优质的种子是健壮种苗的基础。目前，全国西瓜甜瓜种子生产过程中存在以下问题：种子生产基地的落实和基础条件比较落后；种子企业数量多、规模小、分布散，抗风险能力弱，无序竞争现象严重；制种成本大幅度增长，农民制种的积极性明显降低，季节性用工矛盾逐渐突出；种子检测和技术服务手段落后、管理经费严重短缺，种子生产基地管理不到位等。

7. 综合育苗技术普及率低

科学技术作为第一生产力，已成为当代经济发展的决定因素。西瓜甜瓜育苗高新优技术的推广与应用力度不足，综合栽培集成技术普及率低，高效益西瓜甜瓜产业比例低，制约着西瓜甜瓜产业的快速高效发展。

（八）我国西瓜甜瓜育苗产业发展前景

1. 建立西瓜甜瓜集约化育苗标准体系

西瓜甜瓜育苗生产从播种、嫁接、倒苗到最后出苗，主要以人工作业为主，效率低、质量不稳定、人员管理难、成本高。育苗在西瓜甜瓜产业中占有重要位置，只有建立完善的集约化育苗标准体系，才能保证优质籽种品质、育苗技术得以充分展现，从而有效提高育苗速度，获得优质商品苗。

2. 推进西瓜甜瓜生产产业化发展

（1）产业化是西瓜甜瓜生产发展的必然趋势。只有优化西瓜甜瓜农业资源配置，提高生产要素的利用率，才能使西瓜甜瓜育苗生产向深度和广度发展；产业化也是在市场经济价值规律作用下，产业链各个主体之间合理利用资源，节约人力、财力，提高资源利用率和劳动生产率的一种表现；同时，产业化是适应市场经济发展要求的生产经营组织形式和制度的进步，是社会生产力和生产关系矛盾运动的必然结果。

（2）产业化是解决农户小生产与大市场矛盾的必然选择。目前，我国大部分西瓜甜瓜育苗生产经营活动主要以家庭为单位，在全球市场一体化的大趋势下，这种小生产方式的问题和弊端日益暴露出来，如农户市场信息闭塞、市场观念薄弱、组织化程度低、生产规模小、机械化程度低、成本高、市场竞争力不够等。通过产业化发展，整合市场信息，增强组织化和规模化，形成良好的市场经营机制。

（3）产业化是市场竞争和科技应用的有效途径。在科技飞速发展的今天，只有将科学技术有效地融入生产和市场中，才能具有竞争力，是市场竞争和科技应用的有效途径。产业化的基本路径是确定主导产业，发展规模经营。只有经营规模化，才能更好地进行科技示范与宣传，才能有利于新技术和新成果的普及和应用。

（4）产业化是发挥龙头企业、行业协会带动作用的有效途径。龙头企业对外连接国内外市场，搜集分析市场信息，疏导流通渠

道，开辟国内外市场；对内连接千家万户，为农民提供准确的市场信息，充当市场的载体和媒介。行业协会介于生产者与经营者之间，为二者提供咨询、沟通等服务，并进行监督和协调。行业协会能够保护国内产业，支持国内企业增强国际竞争力，而产业化有助于发挥其协调和支持功能。

3. 向现代农业方向发展

（1）农业现代化是市场竞争和科技应用的有效途径。西瓜甜瓜产业要向现代化发展必须以科技为依托，用先进的生产力带动农户实行标准化生产，把新技术迅速应用到生产中去；科技进步使得现代农业稳定发展，要求瓜农积极选用优良品种和相应的配套栽培管理技术，以适应市场变化，满足市场和消费者的需求；充分发挥产业化优势，将生产、技术、市场等产业链各个环节进行有效整合，推进西瓜甜瓜产业的现代化发展进程。总体来说，就是要用现代物质条件装备农业、用现代科学技术改造农业、用现代产业体系提升农业、用现代经营方式推进农业、用现代发展理念引领农业，培育新型现代农民发展农业。

我国西瓜甜瓜育苗产业现在处于快速发展阶段，相较于国内其他优势作物育苗产业有一定差距，需要集成大量技术元素和创新机制，探索形成一套适合西瓜甜瓜集约化育苗的技术体系，如在种子消毒处理技术、智能灌溉技术、施药技术、幼苗化控技术等方面加强研究创新与应用，提高育苗批量生产的水平与效率，以适应快速发展的市场需求。

（2）要有行业协会和龙头企业的带动。西瓜甜瓜育苗产业要想发展得更好，必须要成立西瓜甜瓜育苗行业协会，推出龙头企业进行广泛带动，统一西瓜甜瓜育苗品牌，以广大农户为基础，按照企业制定的育苗管理规程进行生产，统一产品质量，形成良好的西瓜甜瓜种苗品牌，以品牌带动生产，这也是我国西瓜甜瓜育苗产业向现代化发展的主流形式。

4. 树立品牌发挥品牌效应

美国、日本等发达国家凭借高度的产业化，实现了商品西瓜甜瓜的标准化，创立了大量的产业品牌，生产者和消费者都很注重品牌效益。标准化生产具有品质保障的优质健壮的西瓜甜瓜种苗，消费者只需认准商标和品牌按需选购，不必挑选种苗质量与苗龄大小，商品苗的质量一定符合该品种的种植与缓苗标准，取得消费者的信任，打开了品牌市场。

目前，我国仅有少数产区意识到品牌效应的重要性及其所能带来的市场收益。市场经济的快速发展带来的日益的激烈竞争，势必推动产业的品牌发展。这就要求各产业为扩大市场占有率，采用优良品种，生产优质产品，大力发展产品的特有品牌。

以“寿禾”蔬菜种苗品牌为例，山东寿禾种业有限公司是一家集生产、仓储、种苗培育、客服销售、运营于一体具有较强实力的电商企业，公司在寿光、潍坊、广州等地区拥有多个子公司和工厂，团队成员百余人，主营业务为蔬菜种子、种苗线上销售，旗下拥有多个蔬菜种子品牌。“寿禾”品牌在当地具有一定的市场影响力，对蔬菜种苗销售产生了很大的推动作用。

5. 引进和选育优质、特色、多抗的西瓜甜瓜新品种

（1）优质小果型品种的选育与应用。优质小果型西瓜甜瓜品种，小巧玲珑，外形美观，携带方便，可食率高，含糖量高，品质好，备受瓜农和消费者欢迎，种植效益高，成为育苗产业的“宠儿”，应该大力推广和应用。不仅要在内在质量上进一步提高，外

在质量上也要迎合人们的消费习惯和心理，以满足各个阶层消费者的要求。此外，还要加强优质小果型品种抗病性和少籽化的选育研究。

（2）抗病品种的选育与应用。影响西瓜甜瓜种苗、果实品质和产量的病害繁多，通过抗性育种及其他措施，一些病害（如枯萎病）得到了有效控制，但有些病害仍旧处于发展趋势，如蔓枯病、细菌性果腐病等。因此，抗病品种的选育工作仍然不能松懈，是西瓜甜瓜育种的一个重要目标。西瓜甜瓜抗病由单一抗性向多抗性方向发展，能够减轻现代化农业的连作障碍和由于栽培高度集约化出现的严重病害，是实现无公害生产的有效途径。

6. 加强从业人员技术培训

人才是企业竞争的关键，西瓜甜瓜产业及育苗园区要想稳健发展，必须要重视管理、技术等人才的培训，提高从业人员的思想认识、专业水平与机械化设备操作熟练程度。通过广泛宣传教育与培训指导，提高整体产业从业人员素质，促进育苗生产的系统化、标准化。

第二章

西瓜甜瓜新优品种

一 嫁接砧木新品种

1. 京欣砧 1 号

葫芦与瓠瓜杂交的西瓜砧木一代种。芽势好，出苗壮，下胚轴短粗且硬，不易徒长，便于嫁接。嫁接亲和力好，共生亲和性强，成活率高，对果实品质无明显影响。嫁接苗植株生长旺盛，根系发达，吸肥力强，与其他一般砧木品种相比，表现出更强的抗枯萎病能力，叶部病害轻，耐高温，后期抗早衰，生理性急性凋萎病发生少。种子黄褐色，两边隆起至底部有两个明显突起，种子两侧有裂沟，砧木籽粒较其他品种明显宽大，千粒重 150～160 克。抗旱性略低于南瓜砧木，但嫁接后对果实品质影响小，适合各品种西瓜嫁接使用。

2. 京欣砧 2 号

印度南瓜与中国南瓜杂交的西瓜砧木一代杂种，嫁接亲和力好，共生亲和性强，成活率高。种子纯白色，千粒重 150～160 克。嫁接苗在低温弱光下生长强健，根系发达，吸肥力强，嫁接瓜果实大，有促进生长提高产量的效果。高抗枯萎病，叶部病害轻。后期耐高温抗早衰，生理性急性凋萎病发生少。对果实品质影响小。适宜早春和夏秋栽培。适用于西瓜甜瓜嫁接。

3. 京欣砧 3 号

印度南瓜与中国南瓜杂交的西瓜甜瓜砧木一代杂种，发芽力强，出苗整齐一致，下胚轴腔小紧实，嫁接亲和力和共生亲和性好，缓苗快、成活率高，是西瓜和大部分甜瓜的通用砧木。种子褐色，籽粒饱满，种子千粒重约 150 克。根系发达，吸肥力强，不易早衰，抗旱性和耐低温能力强，可提早坐瓜期，加快膨瓜速度，提

早上市 5～7 天，可有效提高接穗结瓜能力和二次结瓜能力。嫁接后长势稳健，对叶部和土壤病害抗性强，抗枯萎病、细菌性青枯病等土传病害。嫁接后果实发育良好，畸形瓜少，品质稳定，尤其适用于大部分嫁接甜瓜品种。

4. 京欣砧 4 号

西瓜砧木一代杂种。嫁接亲和力好，共生亲和性强，成活率高。种子小，呈黄色，千粒重 110 克左右，发芽容易、整齐，发芽势好，出苗壮。与其他一般砧木品种相比，下胚轴较短粗且深绿色，子叶绿且抗病，实秆不易空心，不易徒长，便于嫁接，有促进生长提高产量的效果。高抗枯萎病，对果实品质影响小，对西瓜瓤色有增红功效。适宜早春小果型西瓜嫁接栽培。

5. 超丰抗生王

中国农业科学院郑州果树研究所选育，葫芦杂交种，生长势较强，根系发达，下胚轴粗壮不易空心。利用该品种做西瓜砧木嫁接亲和力好，共生亲和性强，成活率高，嫁接苗不易徒长，在低温下生长快，坐果早而稳，对促进西瓜早熟和提高产量有显著作用。高抗枯萎病，不易早衰，对西瓜果实品质风味无不良影响。

6. 西嫁强生

中国农业科学院郑州果树研究所选育，南瓜杂交种，生长势强，根系发达。利用该品种做西瓜砧木嫁接亲和力好，共生亲和性强，成活率高，耐低温性突出，嫁接苗在低温下生长快，坐果早而稳，能够显著提高西瓜产量，高抗枯萎病，病毒病抗性强，抗西瓜急性凋萎病，耐逆性强，不易早衰，对西瓜果实品质风味无不良影响。

7. 野力 1 号

中国农业科学院郑州果树研究所选育，野生西瓜类型，嫁接亲和力好，共生亲和性强，成活率高。嫁接苗生长快，坐果早而稳。耐湿耐旱性好，耐寒耐热性强，幼苗下胚轴不易空心。抗枯萎病，抗根结线虫，耐重茬，叶面病害轻。植株生长强健，根系发达，肥水吸收能力强。能促进西瓜早熟，对西瓜品质几乎没有影响，种子红色，千粒重 150 克左右。

8. 京欣砧冠

最新育成的瓠瓜与葫芦杂交的西瓜砧木一代杂种。嫁接亲和力好，共生亲和性强，成活率高。嫁接苗植株生长稳健，株系发达，吸肥力强。种子形状整齐美观，发芽整齐快捷，不易徒长，便于嫁接。与其他一般砧木品种相比，耐低温，表现出更强的抗枯萎病能力，叶部病害轻，后期耐高温抗早衰，生理性急性凋萎病发生少。有提高产量的效果，对果实品质无不良的影响。适宜早春栽培及夏秋高温栽培。

9. 京欣砧胜

瓠瓜与葫芦杂交的西瓜砧木一代杂种。嫁接亲和力好，共生亲和性强，成活率高。种子千粒重 150 克左右。发芽快而整齐，出苗壮，下胚轴较短粗且硬，实秆不易空心，不易徒长，便于嫁接。与其他一般砧木品种相比，耐低温，表现出更强的抗枯萎病能力，叶部病害轻，后期耐高温抗早衰，生理性急性凋萎病发生少。有提高产量的效果，对果实品质无不良的影响。适宜早春栽培，也适宜夏秋高温栽培。

10. 京欣砧 8 号

西瓜、甜瓜和苦瓜共用砧木。种皮白色，千粒重 110 克左右，子叶中等大小，下胚轴短粗、深绿，适合工厂化穴盘嫁接。砧木根系发达，砧穗嫁接亲和力好，共生亲和性强，成活率高，可有效提高瓜

类生长势和坐瓜率。能够提高西瓜抗逆性，减轻枯萎病等病害的发生，对果实品质影响小。适宜西瓜、甜瓜和苦瓜早春及夏秋嫁接栽培使用。

二 西瓜新品种

（一）小果型红瓤西瓜

1. 光辉 1000

早熟小果型西瓜一代杂种。生育期约 92 天，开花后 32 天左右成熟，坐果整齐，单瓜重 1.5～2.5 千克。果实椭圆形，绿底色上有墨绿色细条纹。果实耐裂性好，果肉红色，质脆而多汁，风味佳，甜度达 14 度。抗病性强，适合春秋保护地栽培（图 2–1）。

图 2–1　光辉 1000

2. L600

早熟小果型西瓜一代杂种。生育期约 90 天，开花后 27 天左右成熟，坐果整齐，单瓜重 1.5～2.5 千克。果实椭圆形，绿底色上有墨绿色细条纹。果实耐裂性好，果肉红色，质脆而多汁，风味佳，甜度达 14 度。抗病性强，适合春秋保护地栽培（图 2–2）。

图 2–2　L600

3. 阳光 900

早熟小果型西瓜，全生育期 90 天左右。果实呈椭圆形，绿皮覆墨绿条纹，口感酥脆多汁、纤维细、黄筋极少，瓤色粉红，中心可溶性固形物含量为 13%，果皮厚度 0.6 厘米，平均单瓜重 2.8 千克（图 2–3）。

图 2–3　阳光 900

4. L800

日本萩原种业选育。全生育期 90 天左右。早熟小果型西瓜，果实呈椭圆形，绿皮覆墨绿条纹，口感酥脆多汁、纤维细、黄筋极少，瓤色粉红，中心可溶性固形物含量为 13.3%，果皮厚度 0.6 厘米，平均单瓜重 2.5 千克（图 2–4）。

图 2–4　L800

5. 京美 2k

图 2–5　京美 2k

早熟小果型西瓜，果实发育期 26 天，全生育期 85 天左右。植株生长势强，果实椭圆形，底色绿，锯齿条，果实周正美观。平均单瓜重 2.0 千克，一般亩产 2 500～3 000 千克。果肉红色，肉质脆嫩，口感好，糖度高，中心可溶性固形物含量高的可达 15%，糖度梯度小（图 2–5）。

6. 北农佳丽

极早熟小果型西瓜，全生育期80天，成熟期26～28天，低温生长性好。果实椭圆形，条带细，外观美丽有光泽。易坐果，果实整齐度好，单瓜重2.0～2.5千克。果肉大红色，肉质酥脆，皮薄且韧，不裂瓜，中心含糖量在14%左右，风味极佳（图2-6）。

图2-6　北农佳丽

7. 京美3k

北京市农林科学院蔬菜研究所育成的小果型西瓜品种，花皮椭圆形，肉红，抗裂，脆，不易空，单瓜重2.5千克左右，可溶性固形物含量13%左右（图2-7）。

图2-7　京美3k

8. 炫彩8号

黄皮红肉小果型西瓜新品种。果形椭圆，全生育期90天。平均单果重2.02千克，瓜瓤红色。果皮底色黄，瓜面光滑。商品果实率高。平均中心可溶性固形物含量12.9%，边缘可溶性固形物含量10.5%，果皮韧，肉质脆，口感好。2023年获北京大兴西瓜节新品种奖（图2-8）。

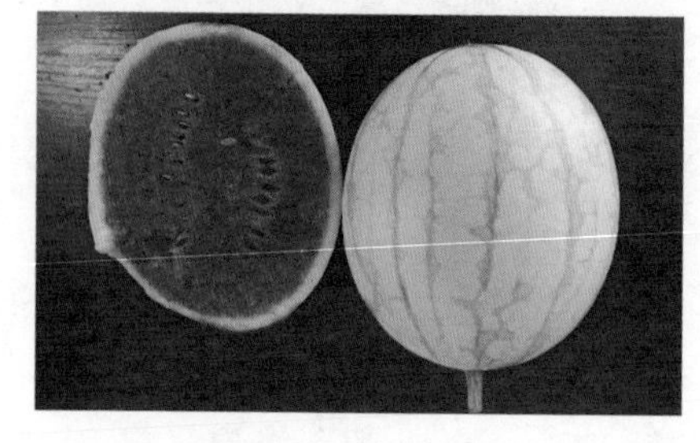

图2-8　炫彩8号

9. 炫彩 9 号

黑皮红肉小型西瓜新品种。果形圆，易坐果，果实发育期 28 天。平均单果重 1.6 千克，瓜瓤红色。果皮厚度 0.5 厘米。中心含糖量 12.7%，边缘含糖量 10.5%，果皮韧，肉酥脆，风味好（图 2–9）。

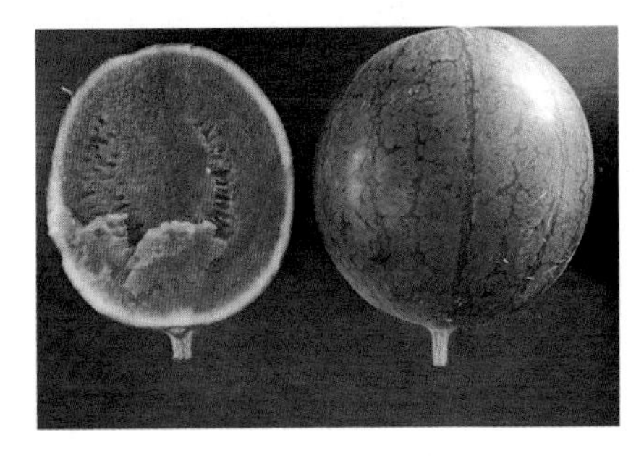

图 2–9　炫彩 9 号

10. 炫彩 10 号

花皮红肉小果型西瓜新品种。果形圆，全生育期 88 天。易坐果。平均单果重 1.7 千克，瓜瓤红色。果皮厚度 0.4 厘米。果实商品率高，中心含糖量 13.2%，边缘含糖量 10.6%，果皮韧，肉脆，风味好（图 2–10）。

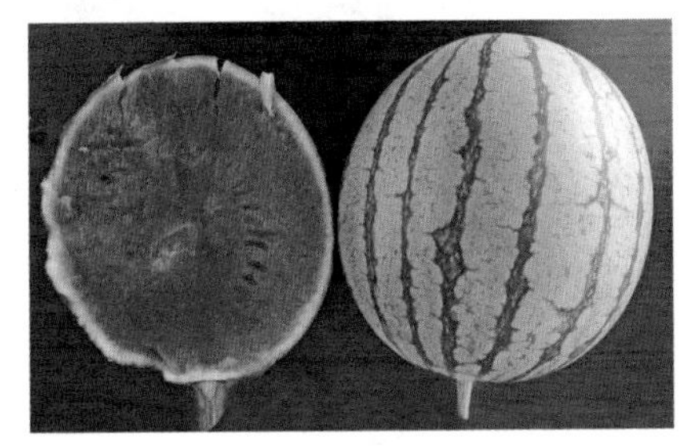

图 2–10　炫彩 10 号

11. 苏梦 5 号

小果型早熟西瓜杂交一代种，植株生长势强，主蔓第一雌花节位 6～7 节，江苏地区春季保护地栽培全生育期 108 天，果实发育期 32 天。果实椭圆形，果皮绿色，覆墨绿色齿状条带，皮厚 0.7 厘米。果肉红色，质地酥脆，中心含糖量 11.7%，边缘含糖量 10.0%，口感酥脆。单果重 2.0～3.0 千克，产量 2 500 千克/亩。适于江苏春季保护地栽培（图 2–11）。

12. 苏梦 6 号

早熟小果型西瓜杂交一代种。植株生长势中等，主蔓雌花节位

图 2–11　苏梦 5 号

图 2–12　苏梦 6 号

图 2–13　中兴红 1 号

6～8 节，春季保护地栽培果实发育期 30 天左右，全生育期 102 天左右。果实圆形，果皮绿色，覆墨绿色齿状条带，皮厚 0.44 厘米。果肉红色，中心含糖量 13% 左右，口感酥脆。单果重 1.5～2.0 千克，每亩产量 2 650 千克左右。适于江苏、北京春季保护地栽培（图 2–12）。

13. 中兴红 1 号

小果型西瓜杂种一代。植株生长势中等，第一雌花平均节位 8.3 节，果实发育期 31.6 天。单瓜重量 1.74 千克，果实椭圆形，果形指数 1.30，果皮绿色，覆细齿条，有蜡粉，皮厚 0.6 厘米。果肉红色，中心含糖量 11.1%，边缘含糖量 9.0%。果实商品率 98.8%，枯萎病苗期室内接种鉴定结果为抗病（图 2–13）。

（二）小果型彩瓤西瓜

1. 京彩 1 号

绿皮橙色瓤小果型西瓜，北京市农林科学院选育。单瓜重 2.5 千克左右，生长势强，早熟，坐果性好，椭圆，果形稳定，皮薄，耐裂，耐储运，可多蔓坐果，耐热耐高温，强光照高温条件下栽培品质极好，中心糖含量超过 13%。富含 β－胡萝卜素，剖面颜色橙黄，果形优美（图 2–14）。

图 2–14　京彩 1 号

2. 京彩 3 号

绿皮彩虹瓤小果型西瓜，北京市农林科学院选育。单瓜重 2.0 千克左右，肉质酥嫩，中心含糖量 13% 以上，瓜味浓，极早熟，坐果性好，果实圆形，果形稳定，皮薄，耐裂，耐储运（图 2–15）。

图 2–15　京彩 3 号

3. 彩虹瓜之宝

小果型西瓜品种，植株长势稳健，易坐果，早熟性好，成熟期 27 天左右。果实圆形或稍高圆形，皮薄，单瓜重 1.5～2.0 千克。正常成熟时瓜瓤红橙、乳黄相间，瓤质酥脆，入口即化，有独特香味，甜而多汁，中心含糖量可达 13.9%（图 2–16）。

图 2-16　彩虹瓜之宝

图 2-17　炫彩 1 号

图 2-18　炫彩 2 号

4. 炫彩 1 号

花皮彩虹瓤小果型西瓜新品种。果形圆，植株生长势中等，早熟。果节密，易坐果。平均单果重 1.73 千克，瓜瓤红黄相间色。果皮薄，皮色绿。平均中心可溶性固形物含量 13.1%，边缘可溶性固形物含量 10.2%，果皮韧，肉质脆、纤维细腻，香味足，口感好（图 2-17）。

5. 炫彩 2 号

花皮橙黄瓤小果型西瓜新品种。果形椭圆，较耐低温弱光。生长势中等，果实发育期 30 天。平均单果重 2.09 千克。果皮绿，上覆墨绿色条带，果实商品率高。平均中心可溶性固形物含量 12.8%，边缘可溶性固形物含量 10.7%，果皮韧，肉质脆，轻抗枯萎病（图 2-18）。

6. 炫彩 4 号

花皮橙粉肉小果型西瓜新品种。果形椭圆，长势中等，全生育期 88 天。平均单果重 1.93 千克，果皮厚度 0.5 厘米。果皮底色绿，条带明显。果实商品率高，平均中心可溶性固形物含量12.8%，边缘可溶性固形物含量10.5%，果皮韧，肉酥脆，口感好（图2–19）。

图2–19　炫彩4号

7. 中玉1号

早熟小果型有籽西瓜，易坐果，果实圆形，外观周正，绿色果皮覆墨绿色齿条，单瓜重1.5～2.5千克，果皮厚度0.4厘米。果肉柠檬黄色，瓤质酥脆，多汁爽口，中心含糖量12.5%以上，剖面均匀，品质优。不易裂瓜，适合早春保护地吊蔓栽培（图2–20）。

图2–20　中玉1号

8. 中彩1号

有籽西瓜杂交一代彩虹瓜类型新品种。瓜氨酸含量高，结实早熟，容易坐果，果实发育期为28天左右，植株长势强，单果重2.0～3.0千克，花皮椭圆果，不裂果，不倒瓤，覆蜡粉，皮厚0.5厘米左右，果肉红黄色，中心含糖量12.5%左右，汁液多，风味独特，耐储运（图2–21）。

图2–21　中彩1号

9. 中彩3号

早熟小果型有籽西瓜，易坐果，果实圆形，绿色果皮覆墨绿色齿条，单瓜重1.5～2.5千克，果皮厚度0.3厘米。果肉红黄镶嵌，瓤质酥脆，多汁爽口，中心含糖量13%以上，边缘含糖量10%，剖面均匀，品质优。不易裂瓜，适合早春保护地吊蔓栽培（图2-22）。

图2-22　中彩3号

（三）中果型西瓜

1. 京美4K

由北京市农林科学院蔬菜研究中心和京研益农（北京）种业科技有限公司合作育成。全生育期90天，果实成熟期35天。果实椭圆形，花皮红肉，平均单果重4千克，瓜皮薄，不易裂果，甜度适宜。果肉脆嫩、口感好、甜度高，可溶性固形物含量可达13%（图2-23）。

图2-23　京美4K

2. 京美6K

由北京市农林科学院蔬菜研究中心和京研益农（北京）种业科技有限公司合作育成。全生育期90天，果实成熟期35天，果实高圆形，花皮红肉，单果约重6千克，瓜皮薄，不易裂果，甜度适宜。果肉脆嫩、口感好，可溶性固形物含量可达12%（图2-24）。

3. 京美 8K

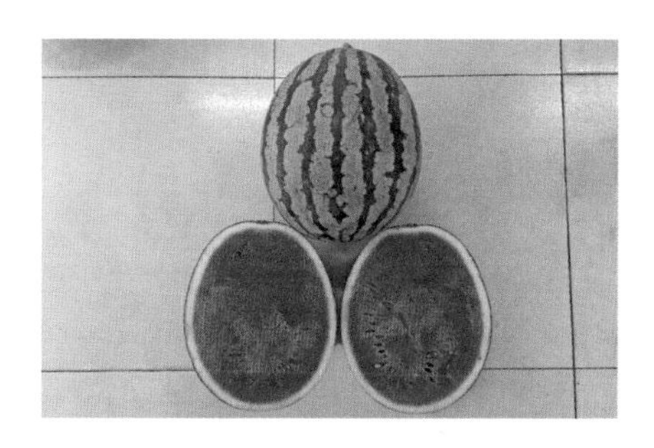

图 2–24　京美 6K

由北京市农林科学院蔬菜研究中心和京研益农（北京）种业科技有限公司合作育成。全生育期 90 天，果实成熟期 35 天，果实高圆形，花皮红肉，单果重 8 千克左右，瓜皮薄，不易裂果，甜度适宜。果肉脆嫩、口感好、甜度高，可溶性固形物含量可达 12%（图 2–25）。

图 2–25　京美 8K

4. 京嘉 301

由北京市农林科学院蔬菜研究所选育。全生育期 90 天，果实成熟期 35 天，果实圆形，花皮红肉，单果重 8 千克左右，果肉脆嫩、口感好、甜度高，可溶性固形物含量可达 12%（图 2–26）。

图 2–26　京嘉 301

5. TC205

早熟西瓜一代杂交种。生育期约 95 天，开花后 30 天左右成熟，坐果整齐，单瓜重 5～6 千克。果实椭圆形，绿底色上有墨绿色条纹。果实耐裂性好，果肉红色，质脆而多汁，风味佳，甜度可达 13 度。抗病性强，适合春秋保护地栽培（图 2–27）。

图 2-27　TC205

图 2-28　小甜王

图 2-29　华欣

6. 小甜王

早熟西瓜一代杂交新品种。生育期约 95 天，开花后 29 天左右成熟，坐果整齐，单瓜重 4 千克左右。果实椭圆形，绿底色上有墨绿色条纹。果实耐裂性好，果肉红色，质脆而多汁，风味佳，品质好，甜度可达 13 度。抗病性强，适合春秋保护地栽培（图 2-28）。

7. 华欣

由北京市农林科学院蔬菜研究中心、京研益农（北京）种业科技有限公司、北京京域威尔农业技术有限公司共同合作育成。早熟西瓜杂种一代。全生育期 90 天左右，果实发育期 35 天。植株生长势较强，第一雌花平均节位 8.7 节，单瓜平均重量 5.34 千克，果实高圆形，果形指数 1.05，果皮绿色覆细齿条，有蜡粉，皮厚 1.0 厘米，果皮较脆。果肉深红色，中心可溶性固形物含量 10%，枯萎病苗期室内接种鉴定结果为高感。每亩产量

4 000 千克左右（图 2-29）。

8. 中蜜 2 号

早熟 8424 类型有籽西瓜，果实高圆形，浅绿色果皮覆墨绿色齿条，果形周正，瓤质酥脆，爽口多汁，品质优。单瓜重 6～8 千克，果皮厚度 0.9 厘米。果肉桃红色，瓤质酥脆，中心含糖量 12.5% 以上，剖面均匀，品质优，耐裂性强，耐储运。保护地、露地栽培均可（图 2-30）。

图 2-30　中蜜 2 号

三　甜瓜新品种

（一）薄皮甜瓜

1. 博洋 9 号

杂交种。薄皮型。糖度适宜、口感脆酥、风味清香、果肉较厚、果形匀称，果皮条纹清晰新颖，坐果性极好，丰产稳产性好。中心可溶性固形物含量 12.0%～13.5%，边缘可溶性固形物含量 10.5%。中抗白粉病、霜霉病。第一生长周期亩产 2 898 千克（图 2-31）。

图 2-31　博洋 9 号

2. 博洋 6 号

图 2-32　博洋 6 号

薄皮型。糖度适宜、口感脆酥、风味清香，果形为较均匀的长棒状，不易畸形，果面较光整，尤其是果皮灰白色很干净，充分成熟时亦无绿肩，商品整齐度好。中心可溶性固形物含量 12.5%～14.0%，边缘可溶性固形物含量 11.5%。中抗白粉病、霜霉病。第一生长周期亩产 2 334 千克（图 2-32）。

3. 久青蜜

丰产早熟品种，植株长势强健，抗病性强，耐低温，耐弱光，从开花到果实成熟 30 天左右。果实圆形至阔梨形，成熟后的果实为黑绿色，果肉碧绿色，单果重 0.4～0.5 千克，每亩产量最高可达 4 000 千克。果实中心可溶性固形物含量为 17%～18%（图 2-33）。

图 2-33　久青蜜

4. 羊角脆

河北省青县本地的土特品种。属于中早熟品种，全生育期 80 天左右，植株长势强，子蔓结果，果皮浅灰绿色，瓜形为牛角状，果实长 30 厘米左右，果肉黄绿色，肉质酥脆，汁多味甜，单瓜重

1～2 千克，每亩产量 4 000 千克左右，果实中心可溶性固形物含量 12% 左右（图 2–34）。

图 2–34　羊角脆

5. 蜜脆香园

北京北农种业有限公司选育的极早熟薄皮甜瓜品种。从出苗到成熟 55 天左右，果实梨形，外观娇美果皮光滑，果肉白色，肉质细腻，脆甜甘香。该品种果实耐储运，抗枯萎病，耐低温弱光，单果重 0.3～0.4 千克，果实中心可溶性固形物含量 18.5%～23.0%。

（二）厚皮甜瓜

1. 京玉月亮

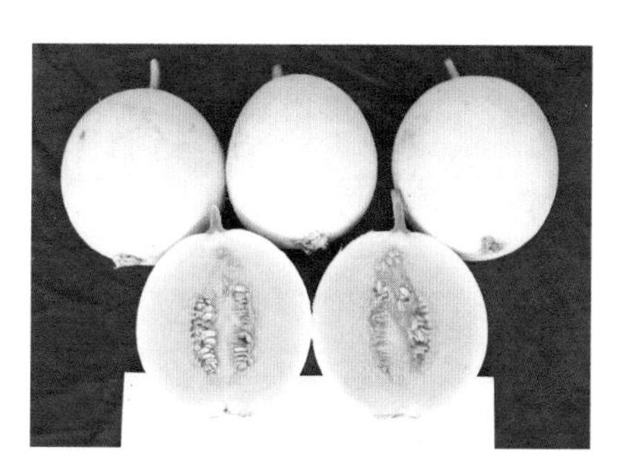

图 2–35　京玉月亮

国家蔬菜工程技术研究中心选育的厚皮早熟品种。全生育期在 95～110 天，果实发育期为 32 天左右。果实高球形，表皮光滑细腻。果肉橙红色，肉质细嫩爽口。肉厚 3.6 厘米以上，单果重 1.2～2.2 千克。果实中心可溶性固形物含量 14%～18%（图 2–35）。

2. 江淮蜜

安徽江淮园艺种业股份有限公司育成的厚皮网纹晚熟新品种。

图 2–36　江淮蜜

全生育期 112 天，果实发育期 38 天左右。生长势强，易坐果，第 8～10 节坐果为佳，果实椭圆形，成熟果灰绿色覆密网纹，果肉橙红色，肉厚 3.0 厘米，肉质细脆，可溶性固形物含量 11%～17%，平均单果重量 2 千克。每公顷产量 40 260～45 000 千克。耐热性较强，中抗白粉病和霜霉病（图 2–36）。

3. 库拉

图 2–37　库拉

上海惠和种业有限公司育成的早熟、高糖度的细网纹甜瓜品种。长势旺盛，耐白粉病、蔓割病，网纹易形成，坐果能力强，栽培容易。果形正圆，单果重 1.8 千克左右，果肉厚，呈黄绿色，上糖容易且可溶性固形物含量稳定在 15% 以上，口感香甜软糯，储藏性佳（图 2–37）。

4. 西州蜜

中熟品种，全生育期春季 115～125 天，秋季 95～105 天，雌花开放授粉至果实成熟 53～58 天。苗期长势健旺，极易坐果，嫩果为绿色，成熟时为浅绿色。果实椭圆形，果形指数约为 1.22，平均单果重 2.0 千克，浅麻绿、绿道，网纹细密全，果肉橘红，肉质细、松脆，风味好，肉厚 3.1～4.8 厘米，中心可溶性固形物含量 15.6%～18.0%（图 2-38）。

图 2-38 西州蜜

5. 都蜜 5 号

由京研益农（寿光）种业科技有限公司育成的高品质、耐裂、丰产、抗病甜瓜新品种。该品种植株生长势稳健，抗病性强，耐热不易早衰，坐果性好。果实发育期 45 天左右，全生育期 110 天左右。灰绿底，网纹细密全，外形美观。果肉橘红色，肉质细、酥脆，风味好，肉厚，中心可溶性固形物含量 18% 左右，平均单果重 2.5 千克，不易裂瓜，商品率高，耐储运（图 2-39）。

图 2-39 都蜜 5 号

6. 比美

对环境变化适应性强，叶片中等，颜色深绿，雌花发生稳定，授粉后 12 天左右开始裂纹，网纹均匀立体，60 天左右成熟，单果重 1.6～1.8 千克，果肉厚、呈黄绿色，中心可溶性固形物含量稳定在 15% 以上，耐贮藏，运输性优良，耐蔓割病、白粉病（图 2-40）。

图 2-40 比美

第三章

西瓜甜瓜集约化育苗技术

一　育苗棚室的类型

1. 下沉式日光温室

下沉式育苗日光温室（图 3-1）由后墙、前墙、后屋面、薄膜屋面、门等组成。在普通日光温室的基础上对温室整体结构进一步优化改进，使其结构更加合理，高度多为 5 米以上，棚内下挖 0.5～1.5 米，可避开冻土层，减少棚内热量散失，保温效果更好，一般能比地上式温室在揭保温被前高 5℃左右。温室的三面墙均由砖和土建造而成，降低了建造成本，提高了保温性能。较厚的北墙阻挡了早春西北风的袭击，减少了空气的对流，降低了温室内外的热交换。苗床在地表以下，较好地利用了土壤本身贮存的热量，使土温有明显提高。由于这种温室结构合理，保温性能好，因而比一般温室节约加温成本。

图 3-1　下沉式温室

2. 平台式温室

山东寿光的育苗棚室为了保温，多采用下沉式棚室，但下沉式棚室（深 1.5 米）不利于人工和机械化（电动运输车）操作，费时费力。通过将下沉式棚室改造为平台式温室（图 3–2），不再通过“下沉”的方式保温，而是通过以下改进，使温室内的气温较下沉式还要高，具有更优良的保温性能。

（1）调整温室拱棚的弯度（通过设置每个“M”梁的角度，形成有一定角度的温室顶棚），使棚内白天接受的太阳辐射更多。

（2）温室后墙（9～11 米厚土墙，高 7 米左右，土墙呈梯形斜面，白天吸收大量太阳光，夜间会充分散热）由土结构改为砖混结构，保温效果更好，使夜温高于 12 ℃，在冬季生产西瓜甜瓜时，无须在夜间进行人工加热蓄温。

图 3–2　平台式温室

3. 无立柱大跨度温室

常规的日光温室由于内部结构承受的重量有限（棚膜、棉被的重量随着棚室面积的增加而增加，内部支撑架构不足以支撑棚膜和棉被的重量），棚内起支撑作用的水泥柱使用时间久了会变形，因此，限制了温室棚室的面积。另外，水泥柱体积大，不利于温室内的机械化操作，通过建设无立柱大跨度温室，可有效增强棚室的承重能力，更便于机械化操作，而且面积大、可分为多个温度区域（图 3-3）。

图 3-3　无立柱大跨度温室

棚顶部使用“M”形梁钢架结构，可使温室顶部承重能力大大增加。在冬季积雪的情况下，该改进的温室完全可以承受积雪的重量，温室可以做到长 155～216 米、宽 16 米、高 7.2 米，实用面积

大大增加，更方便机械化操作。后墙用 50 吨压路机压土夯实，形成 12 米高的 14 个叠加土层，再将后墙内部切成梯形的斜面，然后用线柱打垂直顶，削坡成同一直线（比传统的垂直墙面吸收热量效果好，冬季夜温能维持在 12℃，而寿光下沉式温室冬季夜温在 8～9℃），最后在斜面上排列安装“三角‘V’字撑”，大大增加了后墙对顶棚的承重能力，而且后墙也不容易掉落土渣。将温室内水泥柱全部替换为体积小的钢架立柱结构，空间利用率更高，也更方便机械化操作（方便运输车穿行），而且钢架立柱承重能力强，更适合支撑瓜类攀爬架，也更灵活，不用时可随时拆卸，可适应不同作物的种植。钢架立柱上方设置有孔，钢丝可以从孔中穿过，横穿整个温室，并在温室外面打地锚，稳稳地固定在地上。温室后墙由土构造改为砖混结构，方便安装温帘－风机系统来降温（传统的温室后墙是土构造，只能挖孔洞降温），也方便装“快速门”进入温室，有利于小型机械（如轨道车）的进出。快速门两侧的 2 根钢筋，连接着上面的横杆，横杆拉着温室内部支撑的 46 条钢丝，提供了相反的作用力，增加了温室的稳定性。

温室安装电动分段式双向遮阳轨道系统，通过内遮阳、外遮阳，可随意选择遮阳区域，调节温室局部温度。大跨度温室的钢架结构的立柱，方便将温室分隔成很多小的温室，前墙到后墙距离 25 米，宽 16 米，分隔成一定数量的小温室，各个小温室有独立的通风风扇、内遮阳、外遮阳、补光灯，更方便调节各自的温度，来适应不同作物不同阶段的生长。

二 育苗棚室的准备

集约化育苗棚室在育苗期开始前要做好充足的准备工作，为生产优质健壮种苗打好基础。

（一）棚室清洁

1. 使用石灰或消毒剂严格消毒

在育苗点入口处设置消毒池，进出苗床地要严格消毒，防止因人员出入将病原物带入苗床，造成苗棚之间交叉感病。非苗床管理人员不得进入除观察棚以外的育苗棚，严防外来人员带入病原物造成育苗棚之间交叉感染。

2. 使用清洁水源

高度重视育苗使用的水源，从源头上控制苗床病害。育苗要使用干净、流动的水源。使用前要进行水质检测，杜绝使用被污染或污染风险较高的池水或沟渠水。管理操作过程中生产的叶片、残体、病株等废弃物要带出苗床进行集中消毒销毁处理。

3. 强化温湿度管理

在育苗棚内要配备温度计、湿度计和育苗管理记录本，严格管理温湿度并对相应操作进行记录。在早春育苗前期的低温寡照期，要特别强化苗棚湿度管理，保证管理的准确性。从播种到幼苗出齐，棚内相对湿度要根据幼苗批次、育苗不同时间节点保持在适宜范围内。棚内温度高于35℃时，容易导致高温烧苗，夜温过高，容易引起幼苗徒长，形成高脚苗，要注意揭膜通风降温。

4. 强化炼苗时间到位

炼苗是提高瓜苗质量的最后一个环节，也是关键环节。要强化炼苗操作有效落实到位，特别是保障炼苗时间，要达到7天以上，增强瓜苗韧性和抗逆性。

5. 有效应对极端天气

育苗期间，容易遇到低温雨雪天气，要注意及时清除积雪，做好育苗棚的保温增温和开沟排水工作，温度低于 0 ℃时，要及时加热保温。同时，还要对苗棚及时加固，防止垮棚毁苗，确保育苗的设施安全，防寒措施到位。

（二）铺设地面

为了降低操作繁杂程度，同时增强早春育苗棚室光照水平，育苗棚室可全地面铺设白色反光防草布（图 3–4）。通过反光，可以在一定程度上降低育苗棚室内不喜光昆虫的成活率，防止幼苗病虫害的发生。此外，白色反光防草布还具有以下优点。

图 3–4　白色反光防草布

1. 防草效果好

防草布可遮挡阳光，使杂草无法进行光合作用而死亡。质量过关的防草布，使用寿命可达 10 年，遮光率可达 99%，杂草完全无法长出，防草效果可以长期保持，十分省心。

2. 透水透气性好

质量好的防草布采用考究的编织工艺，透水透气性好，不影响土质和作物根系的生长。遇有急雨天气，可以快速排水，防止积涝影响作物生长。

3. 物理强度高

采用聚丙烯和聚乙烯材质编织而成的防草布，物理强度高，拉力大，结实耐用不易破，不怕风刮。

4. 抗老化、耐酸碱腐蚀、不怕虫害

添加抗老化剂的聚丙烯和聚乙烯防草布，使用年限长，耐候性好、耐酸碱腐蚀，不怕微生物、虫蛀虫害。

5. 材质柔软容易铺设

聚乙烯材料制作的防草布，质地轻较为柔软，非常容易铺设。育苗场兼顾育苗与西瓜甜瓜种植功能，防草布便于铺设与去除，可降低育苗与种植间的转换繁杂难度。

（三）铺设墙面

日光温室三面墙的设计初衷是为了在冬季减少散热、更好地保温，但也正因为这种设计导致了日光温室只有一面能进光，这就造成了靠近日光温室后墙的作物采光不良，而且冬季光线弱、光照强度低，在种植蔬菜的日光温室中，温室后部的叶菜往往生长细弱、果菜容易徒长，后部的产量都比前部低。因此，光照弱及地温、气

温低成为日光温室蔬菜产量提升的主要限制因素。为了增加室内光照强度，提高土壤、空气温度，可以采用在栽培畦北侧张挂温室反光膜（布、幕）的方法，改善日光温室的温、光条件，提高秧苗素质和作物产量，提升经济效益和社会效益。这是我国北方冬季、早春日光蔬菜生产上一项投入少、见效快、方法简单、无污染、能大幅提高蔬菜产量和温室效益的科研成果。

温室反光膜是指涂有铝粉的银色聚酯膜。这种膜一般长 100 米，宽 1 米，厚 0.01 毫米以上。在日光温室北墙上挂温室反光膜后，由于聚脂膜镀铝后形成了光亮的镜面，平面照射在温室后墙上的太阳短波辐射被反射到温室弱光区，反射到蔬菜植株和地表上，使温室内弱光区的光照强度大大提高。温室反光膜的增光有效范围为 3 米，地面增光率为 10%～40%，60 厘米空中增光率在 10%～50%。温室反光膜改善了室内光照条件，增加了光照强度，使室内地表吸收更多的太阳辐射能，日光温室内地温、气温一般可提高 2～3℃，空气相对湿度可降低 10%，灰霉病发病率可降低 10%。温室反光膜既调节了温室后部的光照条件，又促进了光合作用，促使植株生长旺盛，节间紧凑，叶色浓绿，早熟丰产，可大大提高效益，尤其对早期产量和产值的影响特别明显，一般可增产 5%～30%。

温度低、光照不足天气出现时，为了提高棚室内光照强度，促进幼苗正常生长，还可在温室内侧墙面加装辅助光照设备、设施。辅助光照设备设施包括反光膜和反光板，安装在温室墙面，在没有阳光或光照不足的情况下通过光滑的反光面增强育苗区光照集中度与强度，从而促进植物光合作用。

（四）棚外保温

1. 保温覆盖材料

传统保温覆盖材料，包括草苫、蒲席、纸被和棉被等，共同缺点是笨重，卷放费工、费力，特别是被雨雪浸湿后，既增加了重量，又降低了保温性能，而且还会严重污染薄膜，降低薄膜透光率。目前，新型保温被的出现弥补了传统保温覆盖材料的上述不足。它采用超强、高保温新型材料多层复合加工而成，具有质轻、防水、防老化、保温隔热、反射远红外线等功能，使用寿命在5～9年，保温效果良好，相对传统覆盖物温度可提高10℃，还易于卷放与保管收藏。此外，在育苗棚室外围提前挖出深度为40～60厘米、宽度为40～50厘米的防寒沟，将杂草、锯末、马粪或秸秆等填入沟内，再用泥土封闭，也可提高棚内保温效果（图3-5）。

图3-5 棚外保温

2. 卷帘机

卷帘机是用于自动卷放日光温室保温覆盖材料的农业机械设备，可搭配保温被、保温毡、草帘及棉被使用。根据安放位置分为地爬式滚杠卷帘机和后拉式的上卷帘机；根据动力源分为电动卷帘机和手动卷帘机。在生产中常用的是电动和手动相结合的卷帘机（带有遥控装置），这类卷帘机可有效避免因违规操作而产生安全事故及因停电对温室温度的影响。卷帘机的机械原理是利用减速机将电动机转速降低，增加扭矩，常见减速机的减速方式为齿轮减速以及谐波减速。齿轮减速机体积大、笨重，功率消耗大；谐波减速机小巧，功耗低，可靠性高。卷帘机的出现极大地推动了日光温室种植的机械化发展，同时减少了农户的劳动负担。用于日光温室保温被自动卷放的卷帘机主要有两种：一种是后墙固定式卷帘机，也叫后卷轴式卷帘机（这种危险系数高）；另一种是棚面自走式卷帘机，也叫前屈伸臂式卷帘机。

卷帘机使用的注意事项如下。

（1）要注入防冻齿轮油，以后每年更换、保养一次。

（2）在安装或使用过程中，应经常检查主机及各连接处螺丝是否有松动，焊接处是否出现断裂、开焊等情况。

（3）每次使用停机后，应及时切断棚外总电源。

（4）必须在控制开关附近再接上一个刀闸。

（5）卷帘机启动后，不得靠近竖杆及卷动的保温材料，且必须有专人守在电源开关旁或手持遥控器。

（6）在使用前和使用期间，离合系统必须上油。

（7）如出现略有走偏现象，可每两个月调整一次。

（8）使用人必须接受相关培训后方可操作。

（9）需要根据棚长及保温材料的重量，选用适当的卷帘机和遥控器。

（五）棚室遮阳

1. 棚室遮阳系统

西瓜甜瓜春季栽培，育苗时间早，瓜苗嫁接后需要遮阴，育苗棚室可悬挂遮阳网降低光照强度。冬春季覆盖后还有一定的保温增湿作用。西瓜秋茬栽培，在夏季育苗中会遇到高温、多雨、病虫杂草多等不利因素，常给培育壮苗带来许多困难，而利用遮阳网进行育苗就能很好地破解这些难题，培育出高质量的幼苗。

遮阳网又名遮光网或凉爽网，有良好的透气性和遮阳、降温、防雨、防虫的作用。外遮阳是指安装在建筑物外部的遮阳设施，内遮阳是指安装在建筑物内部的遮阳设施（图 3-6）。外遮阳和内遮

图 3-6　内遮阳

阳的位置不同，因此遮阳效果也存在差别。外遮阳能直接挡住阳光，立体遮阳效果更为显著，遮阳效果较内遮阳更好；内遮阳在保温、隔热方面更具优势。

育苗棚室遮阳系统的设置有利于减少棚室内热量的积累，遮阳网下作物的综合温度要比露地太阳直接照射下的温度低。外遮阳比内遮阳的降温效果好，如果不是作物有特殊要求或者棚室结构不允许，一般设置外遮阳系统。西瓜甜瓜育苗生产中多选用黑色遮阳网。黑色遮阳网的遮光、降温效果较银灰色遮阳网好，但银灰色网的透光性好，有驱避蚜虫和预防病毒病的作用。覆盖遮阳网能显著降低气温、地温和光照强度，有较好的保墒防旱、促进种子发芽和植株生长的作用。

2. 使用注意事项

（1）根据情况灵活使用棚室遮阳系统。遮阳网主要起到降温的作用，能够避免作物被强晒。如果温度不高，没有暴晒，就不应覆盖遮阳网，避免降低作物的透气能力，阻碍作物的生长。

（2）在适当的时间使用棚室遮阳。例如，早上和夜间温度较低，没有强烈阳光，就不应覆盖遮阳网，而正午温度高，阳光强烈，就应该使用遮阳网。

（3）注意适当的间隙。棚室遮阳网需要与棚膜隔开，避免通风不畅，增高温度，起不到降温作用。

（六）棚内增温

1. 空气源热泵技术

随着人们对于环保和能源利用的重视程度不断提升，空气源热泵技术越来越受到关注。空气源热泵是一种利用空气中的热能来制取热水的设备（图 3–7）。它主要由压缩机、冷凝器、膨胀阀和蒸发器等组成。在运行过程中，空气源热泵吸收空气中的热能，通过制冷剂循环，将热量传递给水，从而制取热水。北方地区冬季气温较低，日光温室需要供暖来保持室内温度，以保证农作物的生长。空气源热泵具有高效、稳定、安全等特点，可以保证稳定的温度和湿度，满足日光温室的供暖需求。同时，空气源热泵可以提供稳定的灌溉水源，通过管道系统将水均匀地分配到每个温室中，实现自动化灌溉。

图 3–7　空气源热泵

空气源热泵在育苗棚室中的应用具有以下优势。

（1）高效节能。空气源热泵利用空气中的热能来制取热水，相对于传统的电加热方式，具有更高的能效比，能够大幅降低能源消耗。

（2）环保。空气源热泵不会产生任何污染物，不会对环境造成污染，是一种环保的能源利用方式。

（3）安全可靠。空气源热泵运行稳定可靠，不易出现漏电等安全问题，保障了使用者的安全。

（4）智能化控制。空气源热泵配备了智能化控制系统，可以根

据环境温度和用户需求自动调节供热量和湿度等参数，实现了智能化控制和远程监控。

空气源热泵供暖是一种新型的供暖方式，它具有节能、环保等优点，但是在使用过程中需要注意以下 5 点。

（1）要选择合适的安装位置，避免靠近噪声敏感区域和容易受到污染的地方。空气源热泵在工作时会产生一定的噪声，使用时应尽量避免影响周围居民。

（2）使用时要注意室内外温度的差异，避免因温度差异过大而导致热泵的效率降低。

（3）定期清洗空气源热泵的过滤器和换热器，以保证其正常运行。

（4）需要定期检查热泵的制冷剂是否充足，以保证其正常运行和效率。

（5）空气源热泵供暖需要一定的电力支持，使用时要特别注意用电量和用电峰值。

2. 石墨烯墙暖

石墨烯具有优异的光学、电学、力学特性，在材料学、微纳加工、能源、生物医学和药物传递等方面具有重要的应用前景，被认为是一种革命性的材料。以石墨烯为主要材料的石墨烯墙暖板可作为加温设备悬挂于育苗棚室内墙，在极端低温天气情况下可为育苗棚室增温（图 3–8）。石墨烯墙暖具有以下优点。

（1）高效节能。石墨烯具有极高的热传导系数，因此石墨烯加热器能够迅速地将电能转化为热能，电热转换效率高达 98% 以上。

（2）快速加热。由于石墨烯的导热性能优异，石墨烯加热器能够实现较快的加热速度，可以提供舒适的加热体验。

图 3-8　石墨烯加温

（3）耐候性强。石墨烯加热器具有良好的耐候性，可以在各种恶劣环境下正常工作，适用于各类加热场景。

（4）使用寿命长。由于石墨烯材料的稳定性好，石墨烯加热器的使用寿命较长，一般可达到 5 000 小时。

（5）环保安全。石墨烯加热器采用电能加热，不产生任何废气和污染物，绿色环保。同时，石墨烯加热器的加热体为面状加热，温度分布均匀，使用安全可靠。

石墨烯墙暖使用应注意其功率密度低的问题。石墨烯加热器的功率密度相对较低，在一些需要大功率加热的场合可能无法满足需求。

3. 暖风增温

暖风机是一种有效的育苗棚室加热设备，配合送风带使用还可

延长送风距离，增大供暖面积（图 3-9）。暖风机具有以下优点。

（1）以暖风形式加热，加热速度快且热量流通快。暖风机能够迅速提供洁净干燥的热空气，对整个空间进行加热，实现温度均匀分布。

（2）高效节能环保。暖风机的电加热技术能够将电能高效转化为热能，相比传统加热方式更加节能。暖风机还具备杀菌通风功能，有助于提高室内空气质量，对植物生长有促进作用。

（3）供热面积大。暖风机能够克服传统暖气片的限制，显著提高育苗棚的供暖效果，降低棚内的湿度。

（4）便携性好。暖风机体积小、重量轻，便于搬运和移动。

图 3-9　育苗棚暖风增温设备

4. 多层覆盖

图 3-10　育苗棚多层覆盖

春季温度较低，对于棚室内育苗系统，提高温度成了西瓜育苗的关键技术。用煤、电加温消耗较高，应用双膜覆盖技术可提高棚温 3～5℃，相比煤、电辅助加热可大大降低成本。在育苗播种前，在育苗棚室内加设一层流滴膜，可有效提高育苗棚室内温度。同时，在棚室门廊加盖一层棚膜，可有效减少进出口温度骤降对幼苗的伤害（图 3-10）。

（七）棚内降温

育苗棚室的降温系统主要由大流量节能风机、湿帘、水循环和控制系统等构成，通过喷淋水从上至下流过湿帘纸，在湿帘纸上形成波纹状水膜，可为空气和水提供足够大的接触面积（图 3-11）。温帘纸是由设计成特殊角度的纤维纸黏接而成的，相邻两层湿帘纸波纹倾斜方向相反，形成一系列相互交错的通道，增强了湿帘表面水膜和空气的传热传质。育苗棚室的湿帘由高分子材料制成，具有吸热性强、耐腐蚀、使用寿命长和结构强度高的特点。湿帘通过主体框架结构安装在温室一端的墙体上，一般应在温室的北墙安装湿帘，南墙安装排风扇。因为北侧为迎风侧、温度低，南侧为背风侧、温度高。北侧安装湿帘的优点是不遮光、带热会更多。排风扇向外排风，在温室内形成负压，迫使室外空气通过湿帘进入室内，

水从上而下流经湿帘，在湿帘表面上与空气接触，依靠自身蒸发吸收空气的显热，实现降温增湿的目的。湿帘－风机降温系统具有降温效果明显、安装方便、造价低、性价比高等诸多优点，被广泛应用于现代农业、智能温室、薄膜温室、畜舍、车间等需要降温增湿的场所。

标准温室专用湿帘－风机降温系统通过水与空气热湿交换，可使温室内温度降低 7～15℃，可广泛应用于温室降温，效果非常明显。同时，可使棚内空气流速较大，新风量充足。因此，湿帘－风机降温系统能给棚室内部的作物提供适宜的生长环境。湿帘－风机降温系统设备简单，投资小且能耗低，温室专用风机功率为 1.1 千瓦，常规尺寸有 1380 型和 1500 型，叶扇开启方式有推拉和重锤两种方式。

湿帘－风机降温系统的降温过程的核心在于波纹状的纤维纸表面有层薄薄的水膜，当室外干热空气被风机抽吸穿过纸垫时，水膜上的水会吸收空气中的热量而蒸发，这样经过处理后的凉爽湿润的空气就进入室内了。

图 3–11　湿帘

室外热空气经过湿帘降温后，在进风口处温度最低。穿过棚室时温度逐渐上升，在排风口处温度最高。通过采用上述设计，棚室内进排风口处的温度差可以控制在 3℃内。

使用降温系统注意事项如下所示。

（1）使用前后及时检查电机的运转、湿帘池水位及水质情况，低于 1/3 时开始注水。

（2）开湿帘时不可开侧窗和门。

（3）根据水流情况调节湿帘过滤器前端开关，控制水流大小，要求水流均匀缓慢下流。

（4）水泵停止 30 分钟后再关停风机，保证彻底晾干湿帘。

（5）根据外部温度变化情况决定何时停用湿帘。湿帘停止运行后，检查水槽中积水是否排空，避免湿帘底部长期浸在水中。

（6）湿帘池至少每周清洗换水 1 次，防止绿苔生长。每周清洗湿帘过滤器。如果突发水质变差，要在水质好转后当天清洗过滤器。

（7）湿帘周围严禁放置物品，以免造成湿帘损坏。湿帘池上方必须加盖板，以防被塑料袋等杂物污染。

（八）棚室通风

棚室育苗通风有两种方法：机械通风和自然通风。机械通风是借助于风机或排气扇等设备来进行通风。自然通风主要是指靠天窗、门窗、侧墙窗等来进行通风。目前，育苗棚室主要采用智能通风装置进行通风（图 3-12）。智能控风系统的工作原理是通过感知棚内外的环境参数，如温度、湿度、风速等，根据设定的控制策略来调节风机的工作状态，从而实现控制内部的风量和通风效果。具体的工作流程如下。

图 3-12　智能通风系统

1. 环境感知

系统通过温湿度传感器等设备实时监测棚内外的环境参数，并将收集到的数据传输给控制系统。

2. 数据分析

控制系统对收集到的环境数据进行分析和处理，判断棚内外的温度、湿度等参数是否符合设定的标准范围。

3. 控制策略制定

根据实时的环境数据和设定的标准范围，控制系统制定相应的控制策略，确定是否需要调整风机的工作状态。

4. 控制执行

根据制定的控制策略，控制系统通过控制风机的启停、转速等参数，实现对风机工作状态的调节。

5. 环境反馈

控制系统将控制后的环境参数再次通过传感器等设备进行监测，并将调整后的数据反馈给控制系统进行确认。

在进行棚室育苗通风的时候，需要注意以下 4 点。

（1）控制通风量，不要过度通风，以避免影响作物生长。

（2）在刮大风或下雨天气尽量不要通风。

（3）尽量选择清晨或傍晚进行通风，以免对植物造成过度刺激。

（4）在进行机械通风时，必须注意设备的安全性，并保护好通风系统。

（九）移动育苗床

市场上的育苗床只适合在平整的地面使用，地面不平整会导致育苗床高低不平，载重时苗床的 4 个支撑部位与地面接触面积小，对地面压力不同，使得苗床容易倾斜甚至倾倒，在工人进行田间操作时，存在一定安全隐患。可移动的育苗床，能够克服现有大型育苗床存在的缺陷（图 3-13）。

图 3-13　可移动育苗床

可移动的育苗床包括床盘与调节架。床盘设置在移动调节架上。调节架包括横梁、丝杆与竖梁，横梁两端分别连接在两根竖梁

的上部，竖梁为伸缩杆且下部设置有底座，丝杆通过固定环转动设置在横梁上。床盘下部设有底梁，底梁与丝杆螺纹转动连接。育苗床的床盘下方设置了调节架，可以自由调整不同位置的竖梁高度，进而使育苗床可以适用于倾斜地面，避免了因地面不平导致的床盘倾斜问题。

育苗床的底座设有定位孔，通过定位孔安装固定销钉等部件可以将育苗床牢固地安置在地面上，防止因地面倾斜而使育苗床倾倒。在床盘与调节架之间设置了丝杆，通过丝杆可以移动床盘，使育苗使用时更方便。育苗床面积大，特别适宜于年育苗量大的集约化育苗场，克服了现有的育苗床不可移动且难以适应大量、分批次育苗的问题。此外，苗床的支撑部设置为“固定蹲”，固定育苗床，固定蹲和地面固定安装，地面不平整时，可用固定蹲调节育苗床4个支撑部位的高度，使苗床在承重较大时也可以稳定放置在地面。

（十）高空悬挂式喷淋设备

随着农业现代化的快速发展，设施种植作为新兴的作物生产方式正逐渐被广泛应用，但由于设施隔离了自然降水，需要设置专门的灌溉设施以保证作物用水。常规温室内的灌溉方式采用地面滴灌。滴灌的水量是均等的，对不同时期和不同长势的作物不能起到很好的灌溉调节作用，同时也不能进行局部叶面喷灌，不方便喷洒药液和调节喷灌的面积，在种植过程中不能灵活操作。高空悬挂式喷淋组件，可以解决现有设施种植灌溉不灵活的问题。

设施内使用的高空悬挂式喷头包括喷头以及与喷头连通的可伸缩管（用于输送喷淋所用的药液或肥料液）。可伸缩管连接在滑动套筒上且随滑动套筒移动，滑动套筒滑动套设在设施顶部的轴向圆杆上，喷头包括喷淋帽、连接件与喷头盖。

悬挂式喷头结合伸缩管使用，可在育苗设施中对各批次西瓜甜瓜幼苗进行局部喷灌，使用方便，操作灵活。此外，通过喷头还可以调节喷出液体的面积和方向，向幼苗的根、茎、叶不同部位喷灌。

三 西瓜甜瓜集约化育苗技术

北京市西瓜甜瓜作为首都特色农产品供应，已成为北京农业产业发展的一项重要任务。大兴区是首都北京的西瓜主产区，优越的自然环境、瓜农丰富的种植经验以及丰厚的历史底蕴造就了“大兴西瓜”这一全国农产品知名品牌。2017 年之前，大兴区西瓜育苗以瓜农自行嫁接育苗为主，占比 90% 以上，育苗大户和育苗场所占比重较小。随着种植业转型升级与西瓜产业化发展，具有标准化和体系化特点的西瓜集约化育苗技术所占有的比重逐年上升。为了满足市场供应，大力推动大兴西瓜产业升级，势必要促进育苗产业的快速健康发展。

集约化育苗产业具有专业化、规模化、标准化等突出特点，能展现出都市农业的各种功能，在都市农业建设中起到了示范新技术、带动高产高效生产、促进农民增收、提高西瓜产量等作用。因此，都市农业建设促进了西瓜集约化育苗产业的发展，西瓜集约化育苗技术的进步同时也加快了都市农业的建设步伐。近年来，随着北京都市农业和西瓜产业的发展，集约化育苗产业亦有了长足发展。集约化育苗具有生产效率高、秧苗质量好、操作规范等特点，是现代园艺最根本的一项变革，为快捷和大批量生产提供了保证，能够有效提高育苗的效率和成活率，而集约化育苗技术的最终

目标则是生产优质健壮种苗。只有培育出标准化的健壮种苗才能在西瓜育苗市场占有一席之地，适应北京都市农业和西瓜产业的发展节奏。因此，培育优质西瓜种苗势在必行。此外，随着北京经济发展，农业用地逐渐减少，西瓜种植面积亦日渐萎缩。要在有限的种植土地上创造更大的效益，集约化育苗具有很大的发展空间。

2017 年，北京市各区要求实现无煤化，这使以前采用燃煤加温育苗的西瓜甜瓜种植户不得不改变传统观念和育苗方式。以前，很多农户或在自家院内育苗或在租用的一些空地上建起半地下育苗棚育苗。但是，这些简易育苗设施均使用燃煤取暖加温，造成了环境污染。随着消费理念和家庭结构的变化，各西瓜甜瓜种植基地和园区在种植品种、种植模式、销售手段上都发生了变化，西瓜甜瓜种苗的供应形势相应亦有了新变化，集约化育苗份额增加明显。西瓜甜瓜育苗逐步由一家一户分散育苗向种植大户集中育苗转变。

北京市西瓜甜瓜育苗产业起步较晚，但是发展很快。北京市西瓜甜瓜育苗主要集中在大兴区与顺义区，而集约化育苗则主要分布在大兴区。近几年，顺义区西瓜甜瓜育苗主要的育苗场与育苗大户共 7 个，年育苗量共 500 万株左右，其余均为种植户自主分散育苗，没有大规模集约化育苗场。

2017—2023 年，大兴区持续进行西瓜甜瓜集约化育苗基地的扶持建设，带动了大兴西瓜甜瓜生产高产高效，促进了农民增收。目前，大兴区已建成西瓜甜瓜集约化育苗基地 15 家，其中育苗数量 1 000 万株以上育苗场 1 家，200 万～400 万株育苗场 5 家，年育苗量由 238 万株增加到 3 000 余万株，增幅约 1 160.5%。2023 年达到了 3 400 余万株，占全市集约化育苗量的 90% 以上。

西瓜甜瓜集约化育苗技术是以草炭、蛭石、珍珠岩等轻基质或营养土做育苗基质，用穴盘或营养钵做育苗容器，采用机械化精量播种，一次成苗的现代化育苗技术体系。该技术集成了种子消毒处理技术、嫁接技术、管理技术等，具有操作简便、省工省力、节约种子和农药、秧苗健壮、效率高、成本低、便于规范化管理、适宜远距离运输等优点，并且能够增加产量和效益，因此，越来越受到西瓜甜瓜生产者的青睐。

（一）种子消毒处理技术

1. 技术

保护性耕地由于空间限制和重茬容易导致作物病虫害的蔓延，不利于作物的高产与优质生长，所以在育苗前对种子进行消毒是降低种传病害的有效途径。种子消毒有 3 种较常用的方法，可选择适合的方法对种子进行消毒。

（1）温汤浸种。将种子放入 55℃温水中（2 份开水兑 1 份凉水）不断搅拌，保持 55℃水温 15 分钟，然后使水温自然冷却，浸种 4～6 小时。55℃为大多数病菌致死温度，可有效杀死附着在种子上的病菌，预防西瓜花叶病毒病。

（2）强光晒种。选择晴朗无风天气，将种子摊开在纸或凉席上，厚度约 1 厘米，使种子在阳光下暴晒 6～8 小时，每隔 2 小时左右翻动一次。可杀灭附着在种子上的病菌，促进种子后熟，增强种子活力，提高发芽率。

（3）药剂消毒。将种子浸入能杀死病菌的药液中。用 40% 福尔马林 150 倍液浸种 30 分钟，或者用 50% 多菌灵 500 倍液浸种 60 分钟，可防治炭疽病和枯萎病；用 2%～4% 的漂白粉溶液浸泡 30 分钟，可杀死种子表面细菌；用 10% 磷酸三钠或 2% 氢氧化钠浸泡

15～20 分钟，可钝化种子表面附着的病毒；用 50% 代森铵 500 倍液浸泡 30～60 分钟，可预防苗期病害发生；另外，还可用代森铵、高锰酸钾、1% 硫酸铜等药液进行消毒。药液浸种必须严格掌握浓度和浸种时间，种子浸入药水前，应先在清水中浸泡 4 小时。经过药液处理后的种子，必须严格用清水反复冲洗，直到将种子上残留的药液完全洗净为止。

在集约化育苗大力发展之前，西瓜甜瓜育苗主要采用传统的温汤浸种方法对种子进行消毒后催芽，现在逐渐转变为采用种子消毒处理剂处理后干籽直播（图 3-14），这种方法可防止猝倒病及真菌性病害的发生，提高了种子的出芽率和整齐度，减少苗期病害发生，同时降低了苗场催芽雇工的劳务成本。

2. 注意事项

（1）使用温汤浸种方法进行种子消毒时，注意将种子放入 55℃温水后要持续搅拌，并且保证水温始终为 55℃，以确保消毒效果良好。

图 3-14　种子消毒后干籽直播

（2）使用强光晒种方法消毒的种子在阳光下暴晒时，需要根据阳光强度及时翻动种子，以免阳光过强将种子晒坏，同时应避免禽类接触，以免种子破损。

（3）使用药剂消毒方法处理的种子时，

应控制好药液的浓度，避免浓度不够作用减小或浓度过高伤害种子；尽量不再用其他药剂反复处理，否则影响种子的发芽；药剂处理过的种子，切记不要用嘴嗑。

（二）基质育苗技术

1. 技术

目前，基质育苗技术使用较多的基质材料有泥炭、岩棉、蛭石、珍珠岩、蔗渣、菇渣、沙砾和陶粒等（图 3-15）。其中，岩棉和泥炭在全球应用最广泛，也是公认的较理想的栽培基质。但随着逐年大量使用，其给社会和生态环境带来的负面效应也日趋明显，一方面岩棉不可降解，大量使用会给环境带来二次污染；另一方面，泥炭是不可再生的资源，过量的开采有耗竭的危险。因此，寻求和发掘易得价廉、可替代岩棉等污染型材料的优良新型育苗基质已成为当今科研工作者研究热点之一。国外已经开发了椰子纤维、树皮、锯木屑等有机基质，不但可以大幅度降低栽培成本，而且减少了对环境的污染。我国对基质研究起步较晚，“就地取材、因地制宜研究与发展”已成共识，如长江以南地区加强了对稻壳炭化后的合理使用研究，华北地区加强了炉渣配合草炭、

图 3-15　育苗的基质材料

蛭石、锯末等材料混合使用的研究，东北地区重点加强对草炭、锯末等的研究，西北地区则加强对砂培技术的研究等。在山东省、江苏省、河南省信阳市一带因地制宜地研究了珍珠岩、蛭石、草炭等育苗基质产品，在蔬菜、花卉、林业、水稻育苗等方面取得了丰硕的成果。

（1）新型育苗的基质主要包括以下 3 种。

①草炭。草炭是沼泽发育过程中的产物，又名“泥炭”，亦叫作“泥煤”，是沼泽植物的残体在多水的嫌气条件下不能完全分解堆积而成。草炭含有大量水分和未被彻底分解的植物残体、腐殖质以及一部分矿物质。草炭是煤化程度最低的煤（为煤最原始的状态），为有机物质。育苗过程，可以草炭为介质材料，作为基质结构来培育幼苗，从而大大提高种子的发芽率，并提升幼苗的发育质量和成活率。

②蛭石。蛭石是硅酸盐材料经高温加热后形成的云母状物质。其在加热过程中迅速失去水分并膨胀，膨胀后的体积相当于原来体积的 8～20 倍。从而使该物质增加了通气孔隙并提升了保水能力。蛭石容重为 130～180 千克 / 立方米，呈中性至碱性（pH 值为 7～9）。每立方米蛭石能吸收 500～650 升的水。经蒸汽消毒后能释放出适量的钾、钙、镁。蛭石的主要作用是增加土壤（介质）的通气性和保水性。因其易碎，随着使用时间的延长，容易使介质致密而失去通气性和保水性，所以粗的蛭石比细的蛭石使用时间长且效果好。因此，园艺用蛭石应选择较粗的薄片状蛭石，即使是作为细小种子的播种介质和覆盖物，都是粗的为好。

③珍珠岩。珍珠岩是一种由火山喷发的酸性熔岩经急剧冷却而成的玻璃质岩石，因其具有珍珠裂隙结构而得名。一些较大颗粒珍

珠岩逐渐被用于蔬菜育苗中，作为育苗土的必备成分，增加营养基质的透气性和吸水性。

（2）育苗基质是生产高质量产品的关键因素。育苗基质的功能应与土壤相似，这样植株才能更好地适应环境，快速生长。在选配育苗基质时，应遵从以下原则。

①从生态环境角度考虑。要求育苗基质基本上不含活的病菌、虫卵，不含或尽量少含有害物质，以防其随苗进入生长田后污染环境与食物链。为了符合这个标准，育苗基质应经发酵剂快速发酵，达到杀菌杀毒、去除虫卵的目的。

②育苗基质应有与土壤相似的功能。从营养条件和生长环境方面来讲，基质比土壤更有利于植株生长，但仍然需要具备土壤的其他功能，如利于根系缠绕（以便起坨）和较好的保水性等。

③育苗基质以配制有机、无机复合基质为好。在配制育苗基质时，应注意把有机基质和无机基质科学合理组配，以便更好地调节育苗基质的通气、水分和营养状况。

④选择使用当地资源丰富、价格低廉的轻基质。在应用穴盘育苗技术时，如何选择育苗基质是关系到育苗成本和育苗质量的首要问题。在通常情况下，应充分挖掘和利用当地适合穴盘育苗的轻基质资源，降低育苗基质成本，从而降低穴盘苗的销售价格。根据各地实际情况，可选用炭化稻壳、棉籽壳、锯末、蛭石、珍珠岩等价格低廉基质作穴盘育苗基质。

早春西瓜甜瓜育苗，气温较低，同时西瓜甜瓜苗期根系发生迟，须根量少。这就要求育苗的基质具有保水、持肥、透气等性能。应选用保水性能好的肥沃土壤，无砖瓦块等杂物，不含病菌、虫卵及草籽；但不宜从瓜地取土，以免常年重茬土壤带菌。营养土

以入冬前挖取、经冬季冻晒风化后再配制为佳。为使配成的营养土松紧适度，既不散团伤根又不过于紧密影响根系发育，应根据土质用腐熟后的厩肥以适当比例混合。若土壤不够肥沃，还可加入适量充分腐熟的鸡粪、磷肥和钾肥。

自配育苗营养土比例：田土与草炭的比为 3∶1，田土与充分腐熟的农家肥的比为 5∶1。将营养土过筛，为了避免育苗期间病害的发生，每立方米营养土（可育苗 1 000 株）加入 200 克多菌灵，搅拌均匀后，用农膜覆盖堆闷 2～3 天，再放置 1 周后即可装钵。装土量标准为营养钵高度 3/4，上松下实，有利于出苗和定植时营养土坨不易散落。

成品育苗基质主要成分有草炭、珍珠岩、蛭石，这种育苗基质主要用于穴盘育苗，可以直接用于种植作物，也可以与普通土壤按 1∶1 的比例混合种植，适合播种育苗、种植、扦插等。育苗穴盘是由塑料制成，有 21～200 孔等不同规格。西瓜甜瓜育苗一般选用 32 孔（孔深 5.5 厘米，边长 6 厘米 ×6 厘米）或 50 孔（孔深 4 厘米，边长 4.5 厘米 ×4.5 厘米）最佳，盘底设有排水孔。育苗盘多用于中大型育苗场，方便倒苗和嫁接，省工省时。

近年来，随着北京都市农业、生态农业和西瓜甜瓜产业的发展，集约化育苗技术的应用成为必然趋势。在保证效益最大化的同时，也要把生态环境保护和改善放在重要位置。农村煤改电工程的推进势必要求小规模育苗户向大规模、标准化集中育苗发展。2018 年，以往通过燃煤加温来育苗的西甜瓜种植户改变了传统观念和育苗方式，西瓜甜瓜种苗供应形势相应亦有了新变化。西瓜甜瓜种苗逐步由一家一户分散育苗向种植大户集中育苗转变，瓜农由自己买种子育苗的传统方式向从集约化育苗场购苗转变，集约化育苗数量逐年上升，促进了由营养土育苗向基质育苗转变。目前大兴西瓜甜瓜育苗多采用混合栽培基质育苗，多种栽培基质混合物具有使根系更容易快速生长、吸水透气性好等特点，可以提供育苗生长所需的多种矿质营养，疏松通气，增强保水保肥能力，能够更大程度地提高育苗的成果，且育苗基质质量更轻，便于运输。大兴庞各庄集约化育苗场使用穴盘育苗，日嫁接量约为 1 500 株 / 人，部分基地外聘专业的嫁接工人，日嫁接量约为 5 000 株 / 人，生产效率得到了极大提升。

2. 注意事项

（1）集约化育苗技术由于育苗数量大，幼苗放置集中，在管理过程中要注意病虫害防治，以免幼苗间相互传播病虫害，造成大面积幼苗染病。

（2）集约化育苗基质配制过程中，要注意比例以及病害防治药剂的使用，防止从育苗阶段开始传播病害。

（3）采用顶插接法容易出现假活现象，即当砧木苗龄过大时，下胚轴容易出现中空现象，此时将接穗垂直插入其中，可以依靠与砧木接触的一小部分供给营养，维持生命状态，但随着生长，接穗会因营养不良而逐渐衰弱死亡。采用贴接法时要注意此种嫁接方法由于伤口面积大，贴合时如果砧木与接穗胚轴粗细相差较多，就会造成结合不完全，使伤口大面积外露，砧木容易感染炭疽病并失去光合作用能力，成活率降低。

（三）育苗基质消毒技术

1. 技术

在设施中栽培的瓜类、茄果类、豆类等蔬菜中，已经发现的病

害有100多种，经常发生、危害比较严重的有50余种，在这些病害当中，除黄瓜霜霉病等极少数病害是借助气流和农事活动从设施外面传入外，绝大多数真菌性、细菌性病害和部分病毒性病害，其病菌都是在土壤中或借助病残体在土壤中越冬。这些病害的初次侵染，几乎都来自设施内的土壤。

连作、施肥不当是病土形成的主要人为因素，主要原因在于连续种植一类作物，使相应的某些病菌连年繁殖，在土壤中大量积累，形成病土，年年发病。如茄科蔬菜连作，疫病、枯萎病等发生严重；西瓜连作，枯萎病发生严重。大量施用化肥尤其氮肥可刺激土传病菌中的镰刀菌、轮枝菌和丝核菌生长，从而加重了土传病害的发生。自1993年我国棉花黄萎病大暴发以来，该病几乎连年大发生，这与棉田大量使用化肥、土壤中有机物质大量减少有关。土壤线虫与病害有密切关系，土壤线虫可造成植物根系出现伤口，有利于病菌侵染而使病害加重，往往线虫与真菌病害同时发生，如棉花枯萎病与土壤线虫密不可分，在美国棉花枯萎病被称为枯萎－线虫复合病害。

种植土壤消毒技术是一种能够高效快速杀灭土壤中真菌、细菌、线虫、杂草、土传病毒、地下害虫、啮齿动物的技术，能很好地解决高附加值作物的重茬问题，并显著提高作物的产量和品质。土壤消毒是通过向土壤中施用化学农药，以杀灭其中病菌、线虫及其他有害生物的过程，一般在作物播种前进行。除施用化学农药外，利用干热或蒸汽也可进行土壤消毒。它是破坏、钝化、降低或除去土壤中所有可能导致动植物感染、中毒或不良效应的微生物、污染物质和毒素的措施和过程。

常用的土壤消毒方法包括辐射消毒、药剂消毒、太阳能消毒与蒸汽热消毒 4 种。

（1）辐射消毒。以穿透力和能量极强的射线，如钴 60 的 γ 射线，来灭菌消毒。

（2）药剂消毒。在播种前后将药剂施入土壤中，目的是防止种子带病和土传病的蔓延。

①主要施药方法包括喷淋或浇灌法、毒土法、熏蒸法。

喷淋或浇灌法。将药剂用清水稀释成一定浓度，用喷雾器喷淋于土壤表层或直接灌溉到土壤中，使药液渗入土壤深层，杀死土中病菌。喷淋施药处理的土壤适宜于大田种植、育苗、草坪更新等。浇灌法施药适用于果树、瓜类、茄果类作物的灌溉和各种作物的苗床消毒，常用消毒剂有绿亨 1 号、2 号等，其用于防治苗期病害效果显著。

毒土法。先将药剂配成毒土，然后施用。毒土的配制方法是将农药（乳油、可湿性粉剂）与具有一定湿度的细土按比例混匀制成。毒土的施用方法有沟施、穴施和撒施。

熏蒸法。利用土壤注射器或土壤消毒机将熏蒸剂注入土壤中，于土壤表面盖上薄膜等覆盖物，在密闭或半密闭的设施中扩散，杀死病菌。土壤熏蒸后，必须待药剂充分散发后才能播种，否则容易产生药害。此方法在设施农业中草莓、西瓜、蔬菜等的种植和苗木的苗床、绿地草坪栽植等方面均有应用。

②棚室土壤消毒剂种类很多，从剂型上划分有熏蒸剂、油剂和颗粒剂等。常用的有熏蒸剂氯化苦、溴化甲基熏蒸剂、油剂敌线酯（氰土灵）、颗粒剂棉隆等。最常使用的是氯化苦。从杀死土壤病虫害的效果看，氯化苦最好，其次是敌线酯，然后为棉隆。不同剂型的药剂各有其优缺点。熏蒸剂的烟雾对环境污染严重，对周围作物会造成危害，油剂和颗粒剂，特别是微粒剂，气体发生较弱，随时

随地均可使用，且无刺激臭味，使用很安全。

使用氯化苦时，先把土壤耕翻疏松，每隔25～30厘米挖1个穴，穴深2～10厘米，每穴注入氯化苦3～5毫升，初次量少，重复使用量多，灌水后立即封土，并用塑料膜覆盖地面。土壤温度保持在15～20℃，土壤不宜过干或过湿，以手握成团，放手土散碎为宜。经7～10天后揭去薄膜，并再耕翻土壤，使药剂气体充分挥发，无刺激性气味时即可种植。氯化苦气体有毒，使用过程中要注意安全，要有安全防护用品。处理后的土壤硝化细菌受抑制，土壤会出现缺氮情况。因此，在作物生长前期应注意硝态氮肥的使用。氯化苦具有腐蚀性，使用后的器具要用10%的碳酸钠溶液冲洗。

使用油剂和颗粒剂时，要求地表温度升至15℃以上，施入药剂后翻地20厘米，使药剂与土壤混合，因为这种药剂发生的气体少，扩散范围小，与土壤混合后效果受到一定限制。另外，施药时要戴口罩和手套，以免吸入口内和接触皮肤，造成损害。施药后浇水，使土壤水分保持在40%～50%，以便药剂充分分解。在露地使用可覆盖地膜密闭，避免气体扩散到周围。这样地表温度在15℃以上经10天或地表温度在12～13℃经15～20天，即可达到消毒的效果。在塑料大棚和日光温室内，扣棚后，以同样的方法，只要连续3天晴天，即可彻底消毒。

（3）太阳能消毒。太阳能消毒是在夏季利用地面覆盖产生高温，从而杀灭土壤中病原菌、虫卵和杂草的一种方法。这种方法既经济又无污染，是生产绿色果品的重要措施。在作物采收后，连根拔除田间老株，多施有机肥料，然后把地翻平整好，在7—8月，气温达35℃以上时，用透明吸热薄膜覆盖好，土温可升至50～60℃，且每天能维持数小时，密闭15～20天，土壤中的病原菌、虫卵和杂草因很难抵挡每天数小时的高温而被杀死。大棚或温室每亩使用碎稻草 1 000～2 000 千克、生石灰 30～60 千克（pH 值在 6.5 以下，若 pH 值在 6.5 以上时用同量硫酸）深耕，整成宽 60～70 厘米、高 30 厘米的小垄，上面盖旧地膜，沟内灌满水至垄面湿透为止。将棚室的塑料薄膜盖严密封 7 天以上，这样地表温度可超过 80℃，一般病虫都能被杀死。这一方法适合在我国北方地区连年种植草莓、西瓜、花卉的塑料大棚和日光温室里应用。

（4）蒸汽热消毒。蒸汽热消毒是用蒸汽锅炉加热，通过导管把蒸汽热能输送到土壤中，使土壤温度升高，杀死病原菌，以达到防治土传病害的目的。这种消毒方法要求设备比较复杂，只适合经济价值较高的作物，并在苗床上小面积施用。

应用西瓜甜瓜夏季高温闷棚技术。7 月将棚里空间无死角铺严，再把棚膜有细小裂缝的地方用胶带粘严，形成无透气透风的密闭空间，闷棚选用威佰亩（必须正品）及 5% 苦参碱，选择晴天早上日出以前灌完药剂，先灌一遍清水再灌药剂，这样速度快还不用被药熏到，灌药时戴防毒面罩，以防被毒气熏倒，灌完药后立即关闭风口及通风漏气处，高温闷棚 30 天左右，一个月后通风 7 天左右把地晾干。高温闷棚后，种植西瓜甜瓜病害的发生率大大降低，可减少生育期药剂的使用。

2. 注意事项

（1）防治土传病害时，必须认真坚持“以防为主、综合防治”的方针。

（2）使用药剂进行土壤消毒时，不能长期使用同一种消毒剂，否则病虫会产生抗性，降低消毒效果。同时，操作人员要注意自身安全防护，佩戴口罩与手套，操作完成后及时洗手。

（3）太阳能消毒时，必须覆盖土壤并且密闭达到一定时间，才能使土壤温度升高，达到消毒效果，且注意必须保证前10天高温晴朗天气。太阳能高温闷棚会把地里大部分有益菌及有害菌都杀死，所以种植时必须大量增施有益菌，才能保证生态平衡。

（四）播种技术

目前，西瓜甜瓜育苗播种方式主要包括人工播种与机械自动化播种。播种可以采用药剂处理后干籽直接播种（图3-16），可以浸种后播种，也可以浸种催芽后播种。近几年，北京地区主要采用干籽直播种子消毒技术处理后播种，有效减少了浸种、催芽、播种等环节的人工使用量，降低了带芽播种对种芽的伤害。育苗播种时，在穴盘中将砧木种子摆放方向调整一致，后期砧木幼苗生长方向一致，采用贴接法嫁接时可快速削接，有效提高嫁接效率。同时，嫁接后幼苗砧木叶片生长方向一致，可有效避免相互遮挡光照，提高每株幼苗的着光量，促进幼苗光的合作用，为培育健壮种苗奠定基础。

图3-16　干籽直播

随着西瓜甜瓜集约化育苗发展，部分集约化育苗场机械化水平逐渐提高。从传统低效率的人工播种向高效率的自动化播种机转变。自动播种设备可以实现自动搅拌、上料、装盘、定位、打穴、播种、覆土等一系列播种流程，在自动填装育苗基质至育苗穴盘后，将种子自动播种至穴盘孔内，然后覆盖基质，完成自动播种过程（图 3-17）。自动播种设备采用真空气动系统，吸嘴的压力吸力可根据播种种子的直径大小、重量进行调节，播种头高度也可上下调节，防止播种时种子跳出穴盘孔。

自动播种设备一般需要配备 4～5 名工人进行操作，1 人补装基质，1～2 人进行种子补播，1 人播种后补盖基质，1 人负责运送播种完成的穴盘。

自动播种技术具有人工播种无法比拟的优势。

（1）高精度。自动播种机采用真空气动系统，可以精确控制播种的位置、深度和间距，避免了人工播种的不准确性，提高了播种的精度和质量。

（2）低劳动强度。自动播种机减轻了农民的劳动强度，使他们

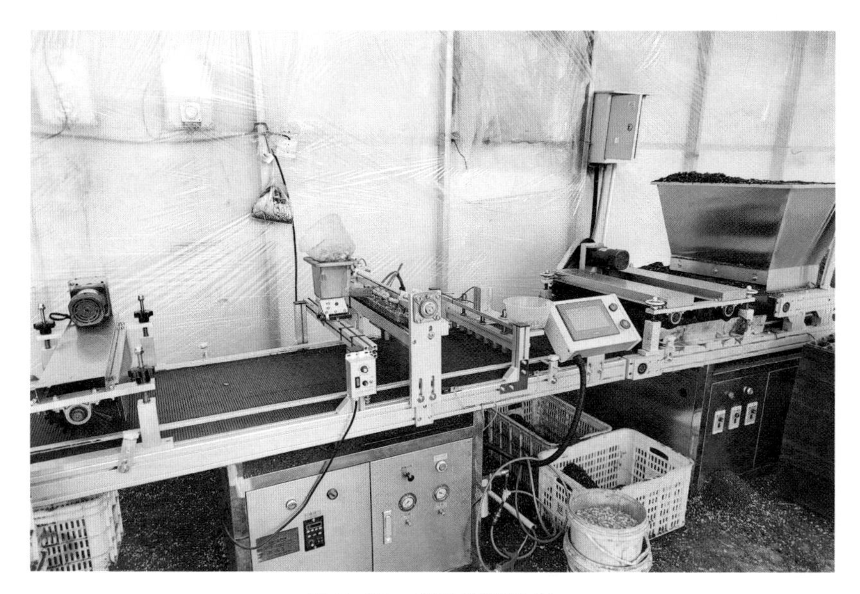

图 3-17　自动播种设备

从繁重的体力劳动中解放出来，有更多的时间和精力从事其他农业生产活动。

（3）节省种子。由于自动播种机可以精确控制播种深度和间距，避免了种子的浪费，从而节省了种子成本。

（4）提高产量。自动播种机可以保证播种的均匀度和深度的一致性，有利于保障西瓜幼苗生长发育的整齐度和生长期的一致性，进而提高后期西瓜的产量。

（5）高效率。全自动播种机可以快速地完成播种作业，大大提高了播种效率，从而缩短了农时，有效提升了集约化育苗的生产效率。其中，播种接穗效率为每人每小时 4 200 粒，较人工播种提升了 110%；播种砧木效率为每人每小时 3 456 粒，较人工播种提升了 361%。因此，应用自动播种技术可以更加高效地完成育苗播种工作，提高育苗场的产出与效率。

（五）催芽技术

催芽能够引起芽生长、休眠芽发育和种子发芽或促使这些提前发生。催芽是保证种子在吸足水分后，促使种子中的养分迅速分解运转，供给幼胚生长的重要措施，能够提高种子发芽率或促使发芽整齐。

种子是农作物的“芯片”，科学选择良种事关农业安全。催芽前要选择优良籽种。种子购买方面，要选择合格的种子，在经营证照齐全的门店购买种子，不要购买散装、已打开包装、标识模糊、标注不全、来路不明的种子。根据品种特性和生产表现，选择抗逆性强和高产稳产品种。

在选择西瓜甜瓜时，种子品质应符合 GB 16715.1—2010《瓜菜

作物种子　第1部分：瓜类》中的有关规定，即杂交种纯度不低于95.0%，净度不低于99.0%，水分不高于8.0%，二倍体杂交种发芽率不低于90.0%，三倍体杂交种发芽率不低于75.0%。播种前进行种子筛选，要求籽粒大小均匀、饱满、无霉变、无残破。

西瓜甜瓜种子催芽的方法主要包括以下步骤。

（1）种子处理。首先，将西瓜甜瓜种子放入温水中浸泡，水温应控制在40～45℃，浸泡时间从几个小时到一天不等，使种子的外皮变得柔软，更容易发芽。

（2）清洗种子。浸泡后的种子需要用清水清洗，去除表面的黏液，防止发霉。无籽西瓜种子催芽前必须破壳，未经破壳的种子发芽率仅为20%～30%，破壳后可提高到85%以上。其具体方法为：用牙齿将种子从脐部缝合线嗑开，嗑开种子长度的1/3即可，切不可用力过猛，以免损伤种胚而影响发芽；也可以用钳子轻轻夹开种子尖端，根据种子口大小，可在钳子开口处放一个小木块之类的硬东西固定住，以防夹坏种子。

（3）催芽包。将清洗后的种子用潮湿的纱布包裹，然后将种子放入塑料袋中，以保持湿度。

（4）催芽环境。将包裹好的种子放在温暖的环境中，温度保持在28～32℃，避免直接暴露在强光或高温下。无籽西瓜种子需要温度较高，一般为30～35℃。

（5）观察发芽。在催芽过程中，需要定期检查种子的发芽情况，一般西瓜甜瓜种子需要4～5天才会发芽，无籽西瓜一般情况下发芽的时间在7～14天。

（6）移栽育苗。当种子露出一点芽时，就可以进行土培育苗或水培育苗，水培时种子应放在湿纸上，待长出根系后，再放入定

植篮。

需要注意的是，催芽过程中应避免直接暴露在过低的温度下，以免种子冻伤，同时也要避免环境过于潮湿，以防种子腐烂。

西瓜甜瓜集约化育苗播种数量大时，可采用西瓜甜瓜智能催芽室（图 3–18）进行催芽。催芽室是针对大量种子催芽工作而研制的大型设施。西瓜甜瓜智能催芽室具有自动采集环境温湿度、通过设定调控阈值自动加温加湿等功能，能够通过智能控制室内的温度、湿度、光照度等条件，为种子催芽提供一个良好的条件。同时催芽室不受外界温度变化的影响，在不同季节也能保证种子出芽所需的温度，大大缩短了种子的出芽时间。催芽室非常适合蔬菜、菌类、水果、作物等种子的催芽，是农业领域开展种子催芽、种子育苗、恒温育种以及种子发芽率检测的重要设施之一。每套催芽室占地共 20 平方米，高度 2.5 米，内部设有 10～15 个多层苗床架，单次最多可催芽 670 盘，温度调节范围 15～35℃，湿度调节范围小于 90%。可提高种子发芽率约 10%，实现综合节能 15%。

图 3–18　智能催芽室

通过穴盘省力化搬运装置将播种后的穴盘放到催芽室多层苗架上，按照西瓜甜瓜种子催芽环境要求对催芽室内温湿度、光照等条件进行智能化调控，利用空气循环系统使催芽环境均匀化，为种子发芽提供适宜的温度和高湿环境，待西瓜甜瓜出苗后通过苗床穴盘智能省力化运输设备将穴盘搬运至苗床上培育。西瓜甜瓜种子在封闭的催芽室内，生长环境稳定，长势较强、较齐。经测试当温湿度分别设定为28℃和85%时，可在36小时左右出芽，出苗率可达95%，达到了出芽周期短，幼苗抗病性强的目标，同时减少了化学农药的使用，改善了瓜型和口感，有助于瓜果绿色生态发展。此外，利用催芽室催芽相对于传统催芽后育苗，可缩短5天的育苗期。

（六）穴盘育苗技术

穴盘育苗技术是采用草炭、蛭石等轻基质无土材料做育苗基质，机械化精量播种，一穴一粒，一次性成苗的现代化育苗技术。穴盘育苗是欧美国家在20世纪70年代兴起的一项新的育苗技术，目前已成为许多国家商品苗专业化生产的主要方式。2016年以前，大兴西瓜育苗80%使用营养钵育苗，小部分使用穴盘育苗。营养钵育苗具有钵体体积大、育苗土多、重量大、营养供给充足且定植后缓苗快等优点，但是营养钵育苗需配置大量营养土，费工费时，占地面积较大，且重量大不便于销售运输。采用穴盘育苗可以提高育苗场的单位产出率，在相同育苗面积的条件下增加育苗的数量，提高产值，可比营养钵育苗提高354%的产出率。因此，采用穴盘育苗是保证育苗场产出率和经济效益的基础条件。随着集约化育苗场的数量逐渐增多，大兴西瓜甜瓜育苗逐渐由营养钵育苗向轻便、快捷、高效的穴盘育苗转变。目前，大兴西瓜甜瓜集约化育苗生产方式已实现100%穴盘育苗。

目前市场上播种西瓜甜瓜接穗使用的穴盘主要是50孔穴盘，播种时种子间隔过于密集，播2粒种子时，瓜苗长出后相互之间容易遮挡，通风差，相邻瓜苗出现长势一强一弱的情况，成活率低，造成种子的浪费。再加上穴盘口径上下相同，瓜苗成苗从穴盘中取出的时候，容易伤到幼苗根部，导致成活率下降。经过改进，改成200孔的穴盘，每个穴孔为锥形小口径、镂空底。

穴盘育苗具有以下优点。

（1）节省播种时使用的基质量。

（2）种子分播均匀，成苗率高，降低了种子成本，穴盘中每个穴孔内的种苗相对独立，既减少相互间病虫害的传播，又减少小苗间营养争夺，根系能充分发育。

（3）幼苗带锥形的土坨更便于移栽时取苗，不易伤到根，成活率提高，缓苗期短。

（4）穴盘育苗在填料、播种、催芽等过程中均可利用机械完成，操作简单、快捷，适于规模化生产。

（5）增加育苗密度，便于集约化管理，提高棚室利用率，降低生产成本。

（6）统一播种和管理，使小苗生长发育一致，提高种苗品质，有利于规模化生产。

（7）穴盘苗便于存放，运输。

（七）嫁接育苗技术

嫁接的原理是利用植物受伤后的自愈机能，使两个植株受伤处的生长组织连接在一起，嫁接后的新植物在接穗处新生的枝叶，外形和接穗一致，并且比原植物的生长速度快。目前，西瓜甜瓜嫁接育苗主要采用贴接法嫁接，此方法需要将砧木与接穗各削去一部分，相互贴合后长成（图 3-19）。嫁接是一项比较成熟的育苗技术，通过对西瓜甜瓜的嫁接，能够提高商品苗的抗病性，有效解决常年种植产生的连作障碍，降低土传病害的发生程度，提高秧苗抗逆性，改善品质。大兴是北京市的西瓜主产区，2017 年开始，育苗场从自主嫁接为主逐渐转向雇佣专业的嫁接技术团队进行嫁接。单人嫁接数量由 800～1 000 株 / 天增长至 4 000～5 000 株 / 天，嫁接数量提高 300%～525%，嫁接成活率由 80% 提高至 95% 以上，专业化程度逐渐提高。

图 3-19　西瓜苗嫁接

西瓜甜瓜砧木选择主要考虑嫁接亲和力和共生亲和性。不同的砧木对西瓜甜瓜的品质有不同的影响。常用砧木类型包括以下 4 种。

葫芦。葫芦与西瓜具有良好而稳定的嫁接亲和性，对西瓜品质也无不良影响，其低温伸长性仅次于南瓜，吸肥力也次于南瓜。主

要缺点是能受到西瓜病菌的感染，故不绝对抗枯萎病。现在有许多地区使用葫芦砧，应当引起注意。

瓠瓜。与西瓜血缘较近，因而嫁接亲和力好，苗期生长旺盛，对西瓜品质影响不大（但在有些西瓜品种上也会出现果肉中有黄色纤维块的情况）。其缺点是低温伸长性不如南瓜，并且容易发生炭疽病，有时成株出现凋萎。瓠瓜砧木在国内西瓜生产中应用较多。

南瓜。南瓜品种很多，但并非所有南瓜品种都可用作西瓜砧木，因为南瓜品种间作为砧木的效果差异很大。多数南瓜品种并不适宜作砧木。南瓜对枯萎病有绝对的抗病性，并且其低温伸长性和低温坐果性好，在低温条件下的吸肥能力也最强。但其与西瓜的嫁接亲和性在品种间差异较大，一些品种会使西瓜果皮增厚、肉质增粗和含糖量下降等。目前应用的南瓜品种主要是大白籽南瓜。

西瓜本砧。为野生西瓜类型，和西瓜嫁接亲和力强，成活率高，生长性能好，耐旱性强，坐果稳定，对品质无不良影响。但不耐寒，前期生长较慢，早熟品种不宜采用，且对西瓜枯萎病的抗性不太稳定。

由于早春种植西瓜上市时间早，西瓜收益高，近几年，种植户逐渐将种植时间提早。而早春低温环境会影响西瓜根系生长，因此，大部分种植户采用南瓜砧木嫁接后种植。

1. 嫁接技术

选择在温度、背风和湿度较大且没有阳光直射的场所嫁接，冬季或早春嫁接一般在塑料大棚或日光温室内进行，若晴天必须遮光，防止因阳光直射造成幼苗失水萎蔫，影响嫁接苗成果率，室内温度应保持在 25～28℃，空气相对湿度在 90% 以上，以保证嫁接苗伤口的快速愈合。嫁接方法主要包括贴接法、顶插接法、靠接法与双断根法。目前北京地区利用率比较高的嫁接方法为贴接法。

（1）贴接法。接穗先播种，4～6 天后砧木播种。当接穗与砧木长到适宜大小时，先将接穗沿根部剪下放到盛有洁净水的小水盆中。取砧木，用刀片切去生长点，然后在两子叶 1/3 处，用刀片向另一侧呈 30° 角切下，刀口长 0.7～1.0 厘米，紧接着，从小水盆中取接穗，用一只手捏住 2 片子叶，另一只手拿刀片，在子叶下方 0.7～1.0 厘米处向下呈约 30° 角斜切下，刀口长 0.7～1.0 厘米。将砧木刀口与接穗刀口相贴，一侧表皮对齐，然后用嫁接夹夹好，如果砧木子叶叶片较大，可用刀片将剩余一片砧木子叶削去一半，减少遮光。目前，大兴西瓜集约化育苗场多采用贴接法嫁接，因为此法操作难度小、易掌握，且嫁接速度高、易成活。集约化育苗场多采用适苗嫁接，即接穗子叶长至一角硬币大小时开始嫁接，可有效提高嫁接苗成活率（图 3–20）。在嫁接前，可以将砧木其中一片子叶削掉一半，避免嫁接苗相互遮挡光照，促进幼苗健康生长（图 3–21）。

图 3–20　使用贴接法嫁接的西瓜苗

图 3–21　嫁接前削掉半片砧木子叶

①优点：与顶插接法相比，贴接法嫁接速度较快，嫁接期可提前 3～5 天，嫁接技术较简单，砧木和接穗的接触面较大，对以后

营养体生长有利。

②缺点：贴接法嫁接时需削去一片子叶，造成嫁接伤口愈合期光合面积明显减少，导致嫁接苗偏弱。

（2）顶插接法。取接穗去根后放入盛有洁净水的小水盆中。取砧木先用刀片将第一片真叶和生长点自生长基部削去。选择与接穗下胚轴粗细相近的竹签，在砧木子叶一侧以 35°～40° 角向斜下方插入，竹签半圆面朝上，平面朝下。插入竹签时，用另一只手捏住砧木下胚轴，当手指感觉到竹签尖时即可。一般深度为 0.5～1.0 厘米，不拔竹签。在水盆中取接穗，在接穗子叶下约 1 厘米处向下削去下胚轴表皮，再反转接穗从背面子叶下 1 厘米处向下 30°～40° 角斜切第二刀，侧面长度与已插孔相同。拔出竹签，将削好的接穗斜面向下迅速插入砧木的孔中，与砧木孔周围尽量贴合。为保证成活率，插切动作应快而准，嫁接环境要遮阴背风，空气温和湿润。嫁接苗要及时喷水保湿，扣严棚膜遮阴。如果嫁接前 2～3 天对砧木苗进行摘心，可使砧木下胚轴明显增粗，有利于提高嫁接苗的成活率。

①优点：顶插接法嫁接比较简单，嫁接速度较快，嫁接口砧木和接穗接触面大。

②缺点：顶插接法嫁接后伤口愈合期对温度、湿度、光照的要求较严格，管理不当常造成嫁接苗成活率低，容易出现假活。

（3）靠接法。取已长至子叶展开的砧木及接穗，先抹去砧木的生长点，随后在砧木子叶下胚轴 1.5～2.0 厘米处，用刀片向下呈 35°～40° 角斜切一刀，深度达砧木下胚轴的 2/3，随后在接穗的子叶下 1.5～2.0 厘米的位置向上呈 35°～40° 角斜切一刀，深度达接穗下胚轴的 2/3，将砧木和接穗的舌形切口镶嵌，用嫁接夹夹好，最后用小喷壶喷水两三下，该苗嫁接完成。还有一种培育靠接砧木及接穗的方式，即砧木播在营养钵内，接穗播在育苗盘内，靠接时将接穗带根拔起，靠接后将接穗根系埋入营养钵内，浇少量水使接穗根系仍能提供水分，以便维持嫁接口的愈合。采用这种方式，接穗苗要播得稍密一些，让接穗的下胚轴稍高一些，便于靠接。嫁接成活后 10～12 天，需将接穗的根断去，如不断去接穗的根，易使嫁接西瓜受到枯萎病侵染。

①优点：靠接法嫁接成活率高，嫁接技术简单，接后的嫁接伤口愈合期管理对温度、光照要求不是很严格，从播种到成苗比顶插接方式少 10～15 天。

②缺点：与前两种接法相比，靠接法在嫁接时砧木与接穗接触的面积偏小，营养体较弱，不利于高产栽培。

2. 嫁接后管理

（1）温度管理（图 3-22）。育苗棚温度，白天 26～32℃，夜间 18～22℃。温度过高或过低都不利于嫁接伤口愈合，并影响嫁接苗成活率。15℃低温条件下，嫁接苗愈合推迟 1～2 天，成活率下降 5%～10%；32℃以上高温条件下，愈合缓慢，成活率降低 15% 以上。因此，早春低温期嫁接，应采取增温保湿措施。苗床应设在日光温室、

图 3-22　嫁接后温度管理

塑料大棚等保护设施内，并架设塑料小拱棚或者二层天幕，同时配备苇席、草帘或遮阳网等遮光物。若地温低，苗床还应铺设地热线，以提高地温。一般嫁接后10天，幼苗成活，可将温度调节为常规育苗所需温度。

（2）湿度管理。嫁接后1～3天，棚内湿度应保持在95%～98%，4～6天棚内湿度降为90%～95%，嫁接后7～10天湿度降为85%～90%，嫁接10天后降为80%～85%。如果湿度不够，可以在嫁接后立即向苗钵内浇水，并移入充分浇水的小拱棚内，严格密封，以达到要求。

（3）遮阴管理（图3-23）。为了防止高温和保持苗床湿度，嫁接后3天内要在拱棚上加盖遮阳网进行遮光；第4天至第6天，每天早晚各减少1小时覆盖；第7天只在中午遮阴，遮挡中午的强光照，以后则不需遮阴。遮光是调节床内温度、减少蒸发、使瓜苗不萎蔫的重要措施。如遇阴雨天，光照弱，可不加盖遮光物。

图3-23　嫁接后遮阴管理

（4）去除不定芽。嫁接5～7天后，砧木开始长出不定芽，要及时去除。注意不要切断砧木子叶。

（5）断根。采取靠接法嫁接，嫁接苗成活后，需对接穗及时断根，使其完全依靠砧木生长。一般在嫁接后 10～12 天断根。

（6）倒苗（图 3-24）。由于嫁接苗嫁接时砧木的粗细、大小以及接穗大小不一致，成活后秧苗质量也存在差别，嫁接后 12～15 天倒苗，可以筛出弱苗，采取分级管理，使秧苗生长一致，提高好苗率。同时，倒苗可断掉扎出营养钵的根系。

图 3-24　嫁接后倒苗

（7）去夹。嫁接苗成活后，嫁接时用来固定嫁接接口的嫁接夹应及时去除。注意时间不要太早或太晚。去除太早，易使嫁接苗在移动时从接口处折断，尤其是以靠接法嫁接的嫁接苗；去除太晚，嫁接夹会影响根茎的生长发育。所以应根据具体情况适时去除嫁接夹，有些育苗场不去除夹子，幼苗带夹出售，直接带夹定植，能有效降低幼苗损伤并促进缓苗。

（8）炼苗。定植前进行炼苗是西瓜育苗过程中不可缺少的环节。通过炼苗可以增强幼苗的适应性和抗逆性，使瓜苗健壮，移栽后缓苗时间短，恢复生长快。西瓜幼苗经过锻炼，植株中干物质和

细胞液浓度增加，茎叶表皮增厚，角质和蜡质增多，叶色浓绿。因此，瓜苗抗寒抗旱能力较强，定植后保苗率高，缓苗速度快。炼苗前，选晴天浇一次足水（炼苗期间不要再浇水）。定植前5～7天开始炼苗，逐渐加大通风量，使床内温度降低到20℃左右，电热温床应减少通电次数和通电时间。在此期间一般不再盖草帘，塑料薄膜边缘所开的通风口夜间也不关闭。棚温白天在20～25℃，夜间12～15℃。随着外界气温的回升，当定植前2～3天温度稳定在18℃以上时，苗床除掉所有覆盖物（电热温床停止通电），使瓜苗得到充分锻炼。如遇不利天气，例如大风、阴雨、寒流、霜冻等，则应立即停止炼苗，并采取相应防风、防雨、防寒、防霜等保护措施。另外，如果炼苗时间已达到要求，但突然遇到不良天气或某种特殊情况时，可暂时不定植，在瓜苗不受冻害的前提下，继续进行锻炼。

3. 无籽西瓜嫁接技术

（1）技术内容。西瓜嫁接技术能够有效防止土传病害的危害。由于无籽西瓜成活率低，主要以靠接法嫁接，提高无籽西瓜的成活率。但是，使用靠接法嫁接容易出现一些问题，如嫁接创口较大，不易愈合；嫁接时砧木和接穗切口过浅未达到胚轴的2/3，两者未能真正镶嵌到一起，接穗断根后，嫁接苗死亡；嫁接苗成活后（嫁接后10～12天）未及时断去接穗的根，嫁接苗同时存在两种根系，未断接穗根容易降低嫁接苗的成活率，并容易使嫁接西瓜受到枯萎病侵染。

无籽西瓜籽种价格高，出苗率低，播种前需要磕籽促进出苗，因此，大部分瓜农种植热情不高，市场上无籽西瓜短缺。现介绍一种可提高无籽西瓜接穗率的方法。选种后，指甲剪破壳，35℃恒温催芽，80% 种子芽长至 0.5～1.0 厘米播种。当接穗出土长至 1～3 片叶时摘心，使接穗植株长出侧芽，生长旺盛的接穗可侧生出 3 个以上侧芽，此时用侧芽嫁接，可提高接穗的利用率，大大降低种植成本。采用侧芽嫁接法，不仅嫁接面愈合好，而且成活率高，可达到 90%。育苗整齐健壮，后期植株生长势好。三蔓整枝留一果，第三节位雌花留瓜，栽培密度 500 株 / 平方米，平均单瓜重 6.8 千克，亩产量达到 4 296 千克，平均中心可溶性固形物含量 12.2%，边缘可溶性固形物含量 9.8%，果实商品率高。嫁接后需要从温度、湿度与遮阴等方面进行管理。

①温度管理。温度高低对嫁接苗成活率的影响很大，适宜的温度范围，白天为 25～30℃，夜间为 20℃。温度过低（20℃以下），幼苗体内水分流动缓慢，切口上流液少，不利于切口愈合，因此，不宜在阴天进行嫁接；温度过高（30℃以上），接穗苗蒸腾作用强，失水量多，根系供水不足容易萎蔫。嫁接苗完全成活，进入正常生长（一般经 6～8 天）阶段时，降低温度，防止徒长，白天 20～25℃，夜间 15～18℃。定植前 1 周进行炼苗、蹲苗。

②湿度调节。嫁接后 2 天，苗床空气湿度保持在 98% 左右，第 3 天加大通风量，通风大小以叶柄不下垂为宜。6～8 天后揭掉拱棚膜。

③遮阴管理。嫁接后 2 天，棚膜盖上遮阳物，避免阳光直射，苗床内保持微弱散射光，第 3 天开始陆续缩短遮阳物覆盖时间，幼苗不萎蔫就不盖遮阳物。

无籽西瓜苗期一般为 30 天左右，根据发芽和幼苗的生长规律，苗床管理可分为 3 个阶段。第一阶段，从播种到子叶出土微展，管理重点是提高温度和“摘帽”。白天温度保持在 30～35℃，夜间适

当加盖遮阳物防寒，地温保持 18～20℃。无籽西瓜带壳出土是育苗时的常见现象，每天清晨趁种皮潮软的时候，用手或镊子轻轻将种皮去掉，注意不要伤及子叶和幼茎。第二阶段，从子叶微展到第一片真叶显露，管理重点是控制水分、降低温度，防止高温条件下幼苗徒长形成高脚苗。这个时期白天温度应控制在 25℃左右，夜间 15～20℃，如果温度过高，应打开膜口通风降温，放风位置一般在背风的一面，通风一般在 10 时至 16 时。第三阶段，从幼苗破心到长出 2～3 片真叶，管理中重点是温度和湿度控制。苗床温度适当提高到 25～30℃，放风时间适当延长，移栽前 3～5 天揭膜炼苗，增强幼苗抗逆性。幼苗期严格控制湿度，苗床底水充足时，尽量不浇水，如出现缺水，可在晴天上午用洒水壶淋浇，以保持一定的湿度。移栽前 1 天下午浇一次透水，防止移栽时散坨伤根。幼苗出土后，为降低苗床湿度，防止苗期病害发生及幼苗倒伏，可用 100 倍的干药土（甲基托布津）围根。此外，应及时清除杂草，喷药防治猝倒病和各种害虫。

无籽西瓜育苗技术是无籽西瓜生产的关键技术，只有准确掌握育苗过程中的关键环节，才能保证苗齐苗壮，为丰产增收打下良好的基础。

（2）无籽西瓜育苗嫁接的注意事项如下。

①无籽西瓜人工辅助破皮嗑子时，切记不要嗑开太多，只需要把种皮尖部稍稍嗑开一些就好。以免破坏种皮，伤害到内部胚芽，影响出芽。

②无籽西瓜从种子萌动到子叶出土要求较高温度，温度需掌握在白天 30～35℃，夜间 25℃左右。床温低时出苗时间长，苗瘦弱发黄。砧木要求温度稍低些，白天 28～32℃，夜间 20～25℃。当

幼苗拱土时要及时撤去地膜。出苗后通风降温，白天 22～25℃，夜间 18～20℃，防止幼苗徒长，促进下胚轴健壮。

③无籽西瓜幼苗在出土时子叶常被种壳紧紧夹住，很难自行脱落。因此，出苗后必须立即进行人工“摘帽”。摘帽最好在第一次通风前、种壳还湿润时进行。

④接穗摘心时，需要选择晴好天气进行，有助于伤口的恢复。

⑤由于无籽西瓜种子发芽势弱，出苗慢，播种时期应有别于普通二倍体西瓜。采用顶插接法，砧木要比接穗早 3～5 天播种，用靠接法接穗要比砧木早 7～10 天播种。靠接法砧木和接穗均密集播种；顶插接法砧木播种在营养钵内，接穗密集播种。播前苗床先浇透水，水渗下后把发芽种子平卧点播，间距 15 厘米左右。用营养钵播种时，浇水渗下后在钵中央扎 1 厘米深的小孔，将 1～2 粒发芽种子点播孔中，无籽西瓜顶土力弱，覆土不要过厚，约 1 厘米；砧木覆土 2.5 厘米左右。全畦播完后，在床面覆盖一层塑料薄膜保温保湿。

⑥顶插接法当砧木真叶显露，接穗子叶展平时为嫁接适期；靠接法当接穗第一片真叶露心（指腹大小），砧木子叶展平，真叶显露时为嫁接适期。嫁接应在晴天的上午进行，便于提温。嫁接时要遮阴，防止直射光照射。

4. 育苗嫁接机

针对西瓜嫁接生产标准化和自动化程度低的问题，大兴区引入西瓜自动嫁接机 2 套，用以解决嫁接熟练工紧缺、费工费时等问题，以满足工厂化嫁接育苗生产的需求（图 3-25）。该设备生产效率达 800 株 / 小时，标准苗嫁接成活率 95%。采用双断根法。

西瓜双断根嫁接方法，即砧木断根贴接嫁接法，将砧木断根处

图 3-25　使用育苗嫁接机嫁接

理更有利于实现自动化嫁接作业，通过愈合期诱导发育新根，根系数量和粗壮程度均有所增加，增强了嫁接苗吸收肥水的能力。确定出适合机械嫁接用标准苗的培育方法，也就确定了播种时间间隔和环境调控参数。同时，该方法改变了传统营养钵育苗方式，可通过苗床或穴盘育苗，将单位面积秧苗产出率提高至 3 倍以上，直接从苗床上取苗嫁接，提升嫁接苗的均一性。

嫁接机应用示范，通过对机械嫁接标准苗培育方法的实践和摸索，能够为嫁接机提供高质量的标准苗。大兴区嫁接生产试验，嫁接苗 2 000 株，嫁接愈合成活率 85% 以上。通过应用示范培训上机操作人员 10 人以上，均熟练掌握了嫁接机的操作方法和机构调节，并总结了机械嫁接苗的愈合培育管理方法和调控措施。嫁接苗愈合成活率主要取决于湿度和温度，嫁接苗愈合初期是缓苗关键期，因此控温控湿是今后要注意和解决的问题。

5. 出苗

壮苗的生理标准是嫁接苗组织含水量较低，干物质含量较高。壮苗的形态标准是瓜苗生长稳健，茎叶粗壮；下胚轴较短，子叶平展、肥厚；主茎节间短；叶柄短，叶色深绿；根系发育良好，侧根数量大，白根多；生理苗龄 3 叶 1 心至 4 叶，且无病虫危害。具备上述标准的瓜苗，耐旱、耐寒，抗逆性强，具有较高的生理活性，移栽定植后缓苗快。

出苗（销售）标准为集约化育苗的西瓜甜瓜嫁接苗嫁接接口愈合良好，接穗和砧木子叶基本完整，展平真叶数量2～4片，叶色深绿，根系发达，颜色白，不散坨，植株无病、虫害，接穗径粗0.2～0.3厘米、苗高10～15厘米为宜，采用营养钵或穴盘育苗，穴盘的孔数不高于50穴。

嫁接15～20天，西瓜甜瓜苗达到壮苗标准即可出圃移栽。幼苗装箱前，逐盘复检，确保每盘苗生长一致。包装采用专用包装箱或普通纸箱，每箱装1盘，箱内放入品种标签。并根据当时当地的气候，做好必要的保温或降温工作（图3-26）。

图3-26　嫁接育苗技术——幼苗出苗

（八）补光增温技术

1. 技术

光合作用是植物生长的重要条件之一，是绿色植物通过吸收太阳光能，引发光作用和酶催化两种化学反应，吸收空气中的二氧化碳和水，制造出碳水化合物、蛋白质、脂肪等有机物，同时释放出氧气的过程。

光照与作物生长具有密切的关系。最大限度地捕捉光能，充分发挥植物光合作用的潜力，直接关系到农业生产的经济效益。植物的光合作用有自身的规律，一般来讲，白天植物吸收太阳光进行光合作用，夜晚植物在呼吸作用下吸收氧气释放二氧化碳。根据植物学理论，只有一定强度的光照刺激，才能引起植物进行有效的光合作用。

依照不同植物的生长特点，适合植物光合作用的光照强度一般在2 000～5 000勒克斯范围内。当光照强度低于植物光补偿点时，有机物质的消耗多于积累，植物干质量下降，甚至会出现死亡，影响开花结果，引起经济收益下降。所以，随着日光温室和塑料大棚的兴起，植物补光灯在促进植物生长、提高产量、提高经济收益方面发挥了重要作用。

太阳光由许多不同波长的光波组成，而在太阳辐射光谱中只有5%左右的光波是对光合作用产生影响的。其中以波长为400～520纳米的蓝光以及波长为610～720纳米的红色光对光合作用贡献最大。实验表明：光合作用中红光有利于糖的合成、碳水化合物合成，能加速提高植物的茎节发育，多余的能量转化成热使水分蒸发；蓝光有利于蛋白质的合成，对植物的生长及幼芽的形成有较大影响，能抑制植物的伸长而使植物矮壮，也可以支配细胞分化，利于花色素、维生素合成。因此，蓝光和红光被称为光肥，这是继“化学肥料”之后的一类新型环保性“物理肥料”。所以，人工模拟植物光合作用的最佳光谱具有肥效和药效的功能，给发展高效生态农业赋予了新的意义。植物补光灯是依照植物生长的自然规律，根据植物学理论，通过发射不同波长的光对植物生长产生影响。在自然光照的基础上，添加蓝色波段和红色波段的补充照明，对调节植物的生长具有显著的促进效果。

可见光波段在 400～520 纳米的蓝光和 610～720 纳米的红光对植物的生长影响较大，而在蓝光波段和红光波段中又以 450 纳米的蓝光和 660 纳米的红光对植物的影响最为显著。缺乏蓝光，对植物的根部发育不利。红光有利于植物茎部的伸长，但红光不利于植株茎部的增粗。一般 40 瓦 /60 瓦荧光灯价格在 45～70 元，光照面积一般在 12～20 平方米。

植物正常生长需要达到每一阶段所需要的生长温度。早春气温低，容易出现低温寡照、雾霾等不利天气因素，而此时正是西瓜甜瓜的育苗时间，为了克服低温弱光环境对幼苗的影响，采用补光增温技术（图 3-27）。深入照射植物内部，有效增温，满足植物生长

图 3-27　苗棚中补光增温

的适宜温度需求，是该技术的一个重要原理。通过安装补光增温灯，以西瓜甜瓜苗期需光特点为基础，结合当地的日照条件和满足连续的光照需求进行 LED 补光；提供适用于日光温室植物生长的“光配方”，用于雾霾天、连阴雨天、漫长冬季等寡照环境的补光，为幼苗提供适合生长所需的光照条件，确保育苗光照充足，有效减少早春低温对幼苗质量的影响，从而促进幼苗生长，保证生产顺利进行。

西瓜甜瓜为蔬菜中需光最强的作物，光补偿点为 4 000 勒克斯，光饱和点为 8 万～10 万勒克斯。冬季生产需补光。光照强度应在光补偿点以上植物才能正常生长。补光增温技术，具有适用于日光温室植物生长的“光配方”，适用于日光温室农作物在寡照天气的补光增温。针对近几年经常出现的雾霾天气，尤其是育苗生产企业早春进行育苗生产条件下，增加补光灯是促进生产的有效方法。目前大多数育苗企业应用了补光增温技术，北京大兴区庞各庄镇四季阳坤等十几家集约化育苗场均已应用补光增温技术。在早春低温、雾霾天气，补光增温技术发挥了巨大的作用。未采用补光增温技术前，由于雾霾天气棚内湿度大光照不足，瓜苗、菜苗徒长，易染病，给苗场造成了巨大的损失。采用该技术后，通过补充光源与升高温度，瓜苗、菜苗到达到正常生长的光照与温度条件，生产保质保量，受到合作社及农户好评。

2. 注意事项

（1）增设补光灯，45 瓦可覆盖面积 8～12 平方米。增温灯 250 瓦 /支，可有效提高棚室温度。

（2）增施二氧化碳吊袋肥，增加光合作用。

（3）防止阴、冷、潮、湿。

（4）进行温度控制。

（5）安装补光灯时要分清是育苗还是生产，需要选择不同的补光灯。

（九）育苗智能灌溉节水技术

1. 技术

育苗期的西瓜甜瓜较为脆弱，育苗过程中，棚内湿度尤为重要，在此时期水分不宜过多，保证田间湿润即可，一旦湿度过大就会产生病害。由于育苗时温度较低，尤其是早春育苗，过高的水量使棚内湿度增大，容易造成幼苗徒长，而且极易发生猝倒病、疫病、炭疽病等病害。此外，湿度过大还会造成育苗基质缺氧，影响幼苗根系正常生长。一家一户育苗方式由于无法规范管理，灌溉难以定量控制，一般是用水壶或喷雾器进行洒水，水量忽高忽低，肥料施用也不均匀，难以控制。

而集约化育苗方式采用智能型温室节水喷灌系统（图 3-28），

图 3-28　育苗智能型温室节水喷灌系统

以悬吊轨道为支撑行走于苗床上方，用于育苗灌溉和水肥一体化喷灌，通过均匀分布的雾化喷头，实现均匀灌溉，并具有轨道末端自动检测以及灌溉计次功能，可实现无人看管自动作业，对于减轻人工劳动压力、提高育苗生产质量具有重要意义。

智能型温室节水喷灌系统利用智能化喷灌系统，针对西瓜甜瓜苗期需水量特点，利用穴盘水分监测系统实时获取西瓜甜瓜苗基质水分含量，进行穴盘苗灌水量预测，启动自动化灌溉单元；利用移动式喷灌单元带动喷杆喷头在棚室内进行往返喷灌作业，通过灌溉控制系统实现变量喷施；利用手机软件系统为用户提供灌溉管理方案，并实时查看、记录和查询灌溉数据。根据苗情湿度，严格控制灌溉量，也可实现远程控制，并通过手机软件系统随时查看棚内瓜苗长势，一旦缺水即可实现精量灌溉，实现育苗灌溉智能化、精量化。

在西瓜甜瓜集约化育苗灌溉环节中，存在劳动强度大、人工灌溉效率低、水资源浪费严重以及灌溉不均匀的问题，为提高穴盘育苗生长整齐度，需要保证灌溉量的均匀一致，人工灌溉无法保证灌溉的均匀性，机械自动化灌溉利用均匀分布的雾化喷头、稳定的压力及匀速行走的喷灌装置，可在一定范围内保证灌溉的均匀性。通常作业中可调节的参数主要包括灌溉压力、灌溉速度和灌溉高度，通过以上 3 个参数实现了灌溉的均匀性。通过配套育苗灌溉精量节水系统，可降低劳动强度、提高灌溉效率以及水资源利用率。通过配套设备的应用，单个棚室灌溉工作可节约 2 个劳动力，人工灌溉整棚幼苗需要 6 小时左右，采用喷灌灌溉系统后，1 个人即可在 2 小时内完成整棚幼苗的灌溉。

采用该种技术方式后，整个育苗棚的育苗质量明显提高，实现了穴盘育苗的苗全和苗壮，育苗的成品率显著提高，从整体上来说，降低了育苗户的育苗成本。采用穴盘平移灌溉系统后每次可节约灌溉用水 20%～30%，可显著减少水资源浪费。

2. 注意事项

（1）避免有水进入控制箱。

（2）尽量避免高速作业，防止惯性作用，冲出作业区域的限位。

（3）每次作业完成后，必须切断电源。

（4）育苗期使用期间，需经常清洗总管路过滤器及喷头滤网；长时间不使用时，需用清水冲洗管路，并清洗过滤器及喷头滤网，放净管路中的存水，避免低温结冰，冻裂管路。

（5）机器启动前确保接通电源及打开控制箱内开关；确保无障碍物，并检查调速旋钮；确保有足够的供水压力，并检查电磁阀是否开启以及是否开启行走。

（十）高空长距离喷淋技术

高空长距离喷淋技术可在育苗棚室中对各批次西瓜甜瓜幼苗进行局部喷灌，使用方便，操作灵活（图 3–29）。此外，通过喷头还可以调节喷出液体的面积和方向，为幼苗的根、茎、叶不同部位喷灌。常见棚室内长距离喷灌是地面滴管，不能局部喷灌，也不能调整喷施的面积，以及喷出的液

图 3–29　高空喷淋设备

滴大小。

采用高空长距离喷头，喷灌头部可旋转，通过调整出水孔的大小，适应不同农药和营养液的喷施。通过水压调节喷水的面积和方向，还可以有效调节育苗棚室温度。棚室内使用的高空悬挂式喷淋组件包括喷头以及与喷头连通的可伸缩管。其中，可伸缩管用于输送喷淋所用的药液或肥料液，可伸缩管连接在滑动套筒上且随滑动套筒移动，滑动套的筒滑动套设在棚室顶部的轴向圆杆上。喷头包括喷淋帽、连接件与喷头盖。喷淋帽由连接管与叶片构成，连接管与叶片的内部均为中空结构，叶片的中部与连接管的一端连接且两者相连通，叶片上分布有多个喷雾细孔；连接件由外筒体与内套筒构成，内套筒设置在外筒体的内部，连接管插接在内套筒上并通过箍紧管固定；可伸缩管穿过喷头盖并与连接管相连通，喷头盖卡接在连接件上。采用高空长距离喷淋设备，在集约化大面积育苗的情况下，可以更加便捷地操控幼苗浇水的大小与方向，避免了人工使用管带浇水劳动力使用量大、浇水不均匀等问题。

（十一）灌溉过滤技术

在灌溉水中，常含有生物残体、砂、淤泥和黏粒等杂质，久而久之会引起滴灌管堵塞；有些化学物质发生化学反应，不易溶解的物质沉积在灌水器内部流道内，也会引起灌水器堵塞；灌溉水源中的藻类、浮游动物、细菌黏质等，进入滴灌系统后不断生长繁殖，在滴灌管网系统和灌水器流道内壁面附着生长，形成生物膜等堵塞灌水器。增加过滤装置是解决灌溉管带堵塞、提高灌溉效率的有效方法。灌溉水砂石过滤技术应用于农业微灌工程中，有利于提高微灌工程效率，确保农业的稳产、增产，成为农田灌溉科学中发展活力高的分支之一。此外，该技术也适合深井水过滤、农用水处理、各种水处理工艺前道预处理等，可用于工厂、农村、宾馆、学校、园艺场、水厂等各种场所。砂滤是以天然石英砂、有锰砂和无烟煤作为滤料的水过滤处理工艺过程。所采用的石英砂粒径一般为0.5～1.2 毫米，不均匀系数为 2。滤层厚度和过滤速度由原水和出水水质而定。砂滤可分为重力式和压力式两种，常用于经澄清（沉淀）处理后的给水处理或经二级处理后污水以及废水回用中的深度处理。根据原水和出水水质要求可具有不同的滤层厚度和过滤速度，主要作用是截留水中的大分子固体颗粒和胶体，使水澄清。

全自动砂石过滤器（图 3-30）克服了传统过滤产品的纳污量小、易受污物堵塞、过滤部分需拆卸清洗且无法监控过滤器状态等

图 3-30　全自动砂石过滤器

众多缺点，具有对原水进行过滤并对滤芯进行自动清洗排污的功能，且清洗排污时系统不间断供水，自动化程度很高。全自动砂石过滤器是一种利用滤网直接拦截水中的杂质，去除水体悬浮物、颗粒物，降低浊度，净化水质，减少系统污垢、菌藻、锈蚀等产生，以净化水质及保护系统其他设备正常工作的精密设备，水由进水口进入自清洗过滤器机体。

全自动砂石过滤器有以下优点。

（1）除杂质。砂石过滤器能够有效去除灌溉水中的颗粒、泥沙和杂质，确保灌溉水质的纯净性，防止堵塞灌溉系统和损害喷灌器具。

（2）延长设备寿命。通过减少灌溉系统内的颗粒物质，全自动砂石过滤器可以降低设备的磨损，减少设备维护需求，延长设备的使用寿命。

（3）提高效率。清洁的灌溉水可以提高灌溉系统的效率，确保植物得到足够的水和养分，从而增加农作物产量。

（十二）幼苗运输

西瓜甜瓜嫁接前后均需将幼苗在棚室内、棚室间运输，人工搬运耗时费工，采用充气轮双向运输车（图 3-31），可提高运输瓜苗的效率，减少瓜苗在搬运过程中的损伤。

充气轮双向运输车，涉及育苗棚运输设备领域，主要包括两侧分别设有两个充气滚轮的车体、连接轴、动力机构以及两个导向机构，连接轴一侧延伸出车体底部一侧，动力机构顶端与车体底部临近连接轴一侧固定连接，两个导向机构分别活动套设在连接轴两端外表面，动力机构通过伸出驱动卡合块进行伸出运动，驱动卡合块

图 3-31 充气轮双向运输车

进入正向轮内部，完成对正向轮的卡合，同时动力机构驱动限位块进行运动，驱动限位块离开反向轮内部，解除对反向轮的限位，动力机构通过连接轴驱动正向轮进行旋转，使连接轴通过卡合块驱动正向轮进行旋转运动，带动反向轮随着正向轮进行运动。该结构便于工作人员使用，在一定程度上提高了在育苗棚内部进行运输的便利性。

此外，种苗简易运输车（图 3-32）也可高效、安全地完成种苗在棚室间的运输工作。种苗简易运输车的运输框架包括顶板和底板，顶板和底板之间通过两

图 3-32 种苗简易运输车

侧的竖板相连，且顶板和底板之间均匀设置有多块固定于两侧竖板上的支撑板，支撑板用以放置西瓜甜瓜种苗。运输框架外覆盖保温膜，膜外加盖毡布，可以有效保护幼苗免受育苗棚室内外温差带来的闪苗等伤害。

（十三）二氧化碳吊袋肥技术

1. 技术

植物生长离不开呼吸作用和光合作用。呼吸作用能为生物体的生命活动提供能量。呼吸作用释放出来的能量，一部分转变为热能散失，另一部分以化学能的形式贮存在腺嘌呤核苷三磷酸中，直接提供维持生物体各项生命活动的能量。腺嘌呤核苷三磷酸在酶的作用下分解时，就把储存的能量释放出来，用于生物体的各项生命活动，如细胞的分裂、植株的生长等。呼吸作用是将有机物降解成无机物，从而释放出有机物化学键中的化学能。呼吸作用的实质是分解有机物，释放能量。

光合作用产物一部分用来建造植物体和呼吸消耗，大部分被输送到植物体的储藏器官储存起来，我们吃的粮食和蔬菜就是这些被储存起来的有机物。所以，光合作用的产物不仅是植物体自身生命活动所必需的物质，还直接或间接地服务于其他生物（包括人类在内），被这些生物所利用。光合作用所产生的氧气，也是大气中氧气的来源之一。多数植物光合作用合成的糖类首先是葡萄糖，但葡萄糖很快就变成了淀粉，暂时储存在叶绿体中，之后又被运送到植物体的各个部分；植物光合作用也可合成蛋白质、脂质等有机物。绿色植物在阳光照射下，将外界吸收来的二氧化碳和水分，在叶绿体内，利用光能合成有机物，并放出氧气，同时光能转化成化学能储藏在制造成的有机物中。这个过程叫作光合作用。

二氧化碳是光合作用的原料之一，它对于植物的作用，就是作为一种气体肥料来促进光合作用。在一定范围内，随着二氧化碳浓度的增高，叶片的光合作用会逐渐增强。因此，在棚室里，通过各种途径（增施有机肥、秸秆生物反应堆、二氧化碳发生器、施用液体二氧化碳等），适当提高空气中二氧化碳的浓度，可以促进光合作用，提高农作物的产量和品质。

以体积含量计算，空气中二氧化碳的浓度约为0.03%，当空气中二氧化碳的浓度在0.03%～0.1%，光合作用会逐渐增强。如果空气中二氧化碳含量低，就无法满足光合作用需要的饱和二氧化碳的含量，因此在空气中适当添加二氧化碳，有利于植物的光合作用，提高农作物产量。日光温室或塑料大棚由于经常与大气隔离，作物所需要的二氧化碳无法从大气中不断补充，往往满足不了作物生长的需要，直接影响蔬菜等作物的质量、产量和经济效益。美国科学家在新泽西州的一家农场里，利用二氧化碳对不同作物的不同生长期进行了大量的试验，发现在农作物的生长旺盛期和成熟期使用二氧化碳，效果最显著。

棚室西瓜甜瓜育苗，尤其是早春西瓜甜瓜育苗，棚室密闭，透光性降低，尤其是天幕覆盖后设施内光线减少，棚内二氧化碳不足。西瓜甜瓜生产二氧化碳饱和点为0.12%，而密闭的棚室内二氧化碳浓度只有0.01%。据试验测试，当每亩悬挂15～20袋二氧化碳气体肥料后测试棚室内二氧化碳浓度为0.08%，接近西瓜甜瓜生长饱和点。为了促进瓜苗快速生长并达到一定的规格，可以适当地使用二氧化碳进行增温和增加光合作用。通过增加二氧化碳浓度来加速植物光合作用，能够提高植物的生长速度并增加产量。因此，

图 3–33　二氧化碳吊袋肥

在西瓜甜瓜苗期使用二氧化碳是一个有效的办法。在足够的二氧化碳作用下，经充分的光合反应，可使有机物得到充分转化，促进西瓜甜瓜幼苗生长。将二氧化碳发生剂沿虚线处剪开，然后将一小袋促进剂从剪口处倒入，并将二者搅拌均匀（图 3–33）。将混合好的二氧化碳气肥袋放入带气孔的专用吊袋中，不要堵死出气孔。将吊袋均匀吊挂在育苗棚中的骨架上，距地面 1.5 米左右。每亩吊挂 10～15 袋，释放时间为 20～25 天。

2. 注意事项

（1）二氧化碳气体浓度不是越高越好，不同的作物所需二氧化碳浓度不同，浓度过高一方面会造成浪费，另一方面会抑制作物生长。晴天二氧化碳浓度掌握在 0.08%～0.15%。

（2）在应用二氧化碳施肥技术时也要进行适当通风换气。

（十四）幼苗施肥技术

西瓜甜瓜在育苗期间需要适量的养分，以有利于苗木的生长和发育。集约化育苗基质配置时可加入氮磷钾复合肥 1.2 千克 / 立方米，充分拌匀后放置 2～3 天待用。幼苗嫁接成活后可通过浇水随水叶面喷施一些平衡肥，或者也可叶面喷施肌醇。肌醇是一种天然有机化合物，也称为肉毒碱、脑醇等，是含有 6 个羟基的六碳糖醇，广泛存在于动植物细胞中。在植物中，肌醇是一种重要的次生代谢产物，并在植物生长发育和逆境胁迫响应中发挥着重要的调节作用。同时肌醇还被广泛地应用于农业生产中。肌醇可促进作物在幼苗期的根系发育以及叶片生长。通过增加光合产物的合成和加快根系对养分的吸收来促进植物的快速生长。

植物主要通过根系吸收养分，但也可通过叶片吸收少量养分，一般不超过植物吸收养分总量的 5%。叶面追肥又叫叶面喷肥或根外追肥，是生产上经常采用的一种施肥方法（图 3-34）。它的突出优点是针对性强、吸收速度快、不受土壤环境因素影响、养分利用率高且施肥量少、增产效果显著，尤其在土壤环境不良、水分过多或干旱、土壤过酸或过碱环境下，造成根系吸收作用受阻、作物缺素急需营养以及作物生长后期根系活力衰退时，采用叶面追肥可以

图 3-34　叶面追肥

弥补根系吸肥的不足。叶片吸收的肥料应是完全水溶性的。喷施浓度也要受到一定的限制。肥料的喷施浓度一般不得超过 0.5%。叶面喷施肥料可以在其他施肥方式不允许和一些特定的情况下及时为植物补充所需的养分。

幼苗肥料施用应注意以下 4 点。

（1）选择适宜的肥料品种。西瓜甜瓜幼苗生长在育苗期间对于肥料的需求较小，一般可在育苗基质中少量加入氮磷钾肥即可。

（2）喷洒浓度要合适。幼苗期西瓜甜瓜较为脆弱，肥料施用需要严格把握浓度，否则极易造成肥害，影响幼苗生长。

（3）喷洒时间要适宜。西瓜甜瓜育苗期间随水施肥要选择适宜的时间。集约化育苗方法采用嫁接方法提高种苗质量，喷施水肥需要在嫁接伤口充分愈合之后，同时要选择晴天上午进行喷施，避免因光照不足引起幼苗湿度增高，致使幼苗发生病害。

（4）喷洒要均匀、细致。幼苗期水肥喷洒要均匀，避免水肥聚集于单株或单盘幼苗，造成施用不均。

（十五）绿色防控技术

绿色防控是在 2006 年全国植保工作会议上提出“公共植保、绿色植保”理念的基础上，根据“预防为主、综合防治”的植保方针，结合现阶段植物保护的现实需要和可采用的技术措施，形成的一个技术性概念。其内涵就是按照“绿色植保”理念，采用农业防治、物理防治、生物防治、生态调控以及科学、合理、安全使用农药的技术，达到有效控制农作物病虫害，确保农作物生产安全、农产品质量安全和农业生态环境安全，促进农业增产、增收的目的。绿色防控从整体上来看，是指从农田生态系统整体出发，以农业防治为基础，积极保护利用自然天敌，恶化病虫的生存条件，提高农作物抗虫能力，在必要时合理地使用化学农药，将病虫危害损失降到最低限度。它是持续控制病虫灾害、保障农业生产安全的重要手段；是通过推广应用生态调控、生物防治、物理防治、科学用药等绿色防控技术，以达到保护生物多样性、降低病虫害暴发概率的目的；同时它也是促进标准化生产，提升农产品质量安全水平的必然要求；是降低农药使用风险，保护生态环境的有效途径。

集约化育苗绿色防控主要包括推广抗病虫西瓜甜瓜品种、嫁接培育健康种苗、改善水肥管理等健康栽培措施，并结合植物诱控、食饵诱杀、防虫网阻隔等理化诱控技术（图 3–35）。

此外，还可在育苗棚室悬挂多功能植保机，采用正压环境系统进行臭氧定时全面消杀（图 3–36）。多功能植保机集植保机、殖保机、智保机于一体，是一款可实现农业设施病虫害防治、养殖场所消毒灭菌、公共场所消毒除味的多功能设备，是为农户量身打造植保作业方案的智能管家。设备可以实时检测使用环境的温湿度和光照强度，并支持扩展检测其他环境参数（如棚室温湿度，二氧化碳浓度等）。可以将检测的数据上传到服务平台，最终通过用户手机的软件系统展现出来。同时可以远程控制设备的风机、臭氧、诱虫

图 3–35　绿色防控技术——黄蓝板

图 3–36　多功能植保机

灯动作，也可以设置定时控制，使设备按照设定时间自动工作，实现自动消毒、灭菌和杀虫功能。

育苗期间要科学用药。推广高效、低毒、低残留、环境友好型农药，优化集成农药的轮换使用、交替使用、精准使用和安全使用等配套技术，加强农药抗药性监测与治理，普及规范使用农药的知识，严格遵守农药安全使用间隔期。通过合理使用农药，最大限度降低使用农药造成的负面影响。

（十六）育苗环境监测技术

育苗环境的好坏直接会影响到种苗的质量品质。做农业，想要作物长得好，环境因素尤为重要，环境因子中的温度、湿度、光照、水分、二氧化碳浓度和养分缺一不可。设施农业经过几十年的发展，一些先进的环境控制系统得到了广泛应用。育苗环境监测是一项通过专用软件监测、报告各项环境因子并分析趋势的技术，通过进行环境科学研究和数据分析，以推动育苗产业可持续发展（图 3–37）。可实时监测、收集、展示大气温度、大气湿度和照度数据，生成定制化的报告和图表。历史数据显示功能可从数据库中查询大气温度、大气湿度和照度传感器历史

图 3–37　育苗环境监测设备

存储的数据，并可根据用户指定的数据筛选条件查询并以列表及折线图形式进行展示。

通过监测西瓜甜瓜育苗环境数据，可为西瓜育苗生产提供技术支撑，从而人为地调控育苗棚室环境，创造适合西瓜甜瓜幼苗生长的最佳环境条件，从而保证西瓜幼苗的成活率，确保为农户提供优质壮苗。

采用育苗环境监测技术需要注意安装设备机箱与电源之间的距离长度，并相应配置电源线及电源插排。传感器安装在棚室中心位置较好，使用时不要随意改动产品出厂时已焊接好的元器件或导线。

集约化育苗节约资源，出苗整齐，便于管理，能够很好地保证秧苗质量，同时能够降低劳动成本，提高土、水、肥、光热资源的利用率，增强防灾抗灾能力，对实现蔬菜的周年生产、周年供应具有重要意义。但是，集约化育苗最大的特点是育苗数量与密度大，容易产生大面积病害，如何避免由于环境管理造成的种苗损失是需要解决的重要问题。育苗环境监测技术则能有效管理育苗棚室环境，促进育苗精细化生产，有效降低环境因素对大面积、高密度育苗生产带来的影响。

第四章

育苗常见问题与解决方法

要想种植出优质西瓜甜瓜，培育壮苗是关键。只有健壮的幼苗，才能实现早熟、优质、丰产的目的。一家一户的育苗方式，缺乏规范的管理，而且费工费时。尤其北方地区，早春育苗期在11月至翌年3月，天气寒冷，需要烧煤加温，既不安全又造成大气污染。目前，大部分地区已经规范发展集约化育苗技术，如江苏省、浙江省、安徽省等，北京市近几年禁止燃煤后也发展了大规模的育苗企业。北京市大兴区西瓜甜瓜育苗年产量在1 000万株的企业一家，1 000万株以下的有十几家。集约化育苗技术的优点是便于规范管理与病虫害防治，出苗整齐健壮，节省能源，农民购苗省时省力，预定好定植时间即可栽苗。“壮苗一半收”，由于幼苗对外界条件反应敏感，加之早春天气变化无常，因此，经常会出现幼苗异常的现象，影响正常生长，针对育苗中出现的常见问题，采取应对措施，可以有效地提高壮苗率。

（一）出苗不齐

主要是由于苗床地温、湿度不均，床面不平整、覆土厚薄不匀或床面板结等原因造成的。解决方法有以下4种。

（1）建议采用地热线或火道加温育苗，铺设地热线时以日光温室前沿布线间距5～6厘米、后沿布线间距8～10厘米为宜，以使床温均匀一致。

（2）播后覆土厚薄要均匀，并在苗床上覆盖地膜，保持苗床湿度均匀。

（3）当出苗不齐或没有出苗迹象时，应检查苗床中的种子，若胚根尖端发黄腐烂，说明种子已不能正常发芽，应仔细查找原因，改善苗床环境条件，并立即补种；若胚根尖端仍为白色，说明还能

正常发芽，应加强温度和湿度管理，促进种子发芽。

（4）出现大小苗时，可把大苗移到日光温室前沿温度较低处，小苗摆在靠后墙附近，以使幼苗长势整齐一致。

（二）“戴帽”出土

西瓜甜瓜育苗时，常出现幼苗出土后种皮不脱落、子叶无法伸展的现象，俗称“戴帽”。主要原因是种子品质不好，播种时底水不足、播种方式不当、播种过浅或覆土过薄，种子尚未出苗表土已变干，使种皮干燥发硬，难以脱落。解决方法有以下 3 种。

（1）覆土或基质厚度要合适，一般为 1.0～1.5 厘米，播种后在苗床覆盖一层地膜，既可升温，又能保持土壤湿润，使种皮柔软易脱落。

（2）当覆土、基质薄或床面出现龟裂时，要适当喷水，并撒盖一层较湿润的细土，增加土表湿润度和土壤（基质）对种子的摩擦力，帮助子叶脱壳。

（3）对少量“戴帽”苗，可在种壳湿润、柔软时进行人工脱壳。

（三）烧根

烧根时根尖发黄，不长新根，但不烂根，地上部分生长缓慢，矮小脆硬，不发棵，叶片小而皱，形成小老苗。原因包括：有机肥未充分腐熟，或者未与床土充分拌匀；营养土中过量施用化肥，土壤溶液浓度过大。解决方法如下。

（1）配制基质或营养土时使用的有机肥必须经过腐熟，基质或营养土中尽量少用或不用化肥。

（2）出现烧根的，应视苗情、墒情和天气情况，适当增加浇水量和浇水次数，以降低基质或土壤溶液浓度。

（四）沤根

沤根，又称烂根，是育苗期常见的生理性病害，主要表现为幼苗根部或根茎部不发新根或不定根，根皮发锈后腐烂，导致地上部萎蔫，严重时整片干枯。沤根的主要原因是低温、高湿或高温、高湿条件下的持续阴雨天气，以及浇水次数过多、浇水量过大等。解决方法如下。

（1）改善育苗条件，保持合适的温度，加强通风排湿，勤耕松土，增加通透性；控制浇水量，特别是连阴天不浇水。

（2）如土壤过湿，可撒些细干土或煤灰吸水，使床土温度尽快升高。

（3）采用多层覆盖以利于保温和地温升高，在温度较低的连阴、雨、雪天进行临时加温。

（4）苗床温度控制在15～25℃，避免苗床过湿或地温过低，适时松土提高地温，并在发生轻微沤根后及时喷洒增根剂。

（5）选用透气性好的基质育苗。

（五）徒长

西瓜甜瓜幼苗徒长，也叫高脚苗，具体表现为茎细，节间长，叶片薄而大，叶色淡绿，组织柔嫩，根系不发达，抗病力及抗逆性差，光合水平低，定植后缓苗慢，成活率低，同时结果晚，对产量也有较大的影响。原因包括：光照不足，高温、高湿，夜温过高，氮肥和水分过多；播种密度过大，幼苗相互拥挤遮阴，通风不良。

解决方法如下。

（1）适时通风降温、排湿，增加光照，调节好育苗床的温度、湿度、光照。遇连阴、雨雪天，要揭去不透明覆盖物，使幼苗见光。

（2）出苗后夜温保持在15℃左右，随着幼苗的生长，逐渐加大昼夜温差，适当控制浇水和氮肥施用量，叶面喷施0.3%豫艺磷酸二氢钾溶液或健植宝500倍液。

（3）及时进行分苗，分苗时幼苗的密度一般要求10厘米见方，如果采用营养钵育苗的，可将苗摆稀。

（六）僵化苗

苗期幼苗生长长期处于停滞状态，表现为苗叶小、色深、展叶慢，茎细、节短，根发黄甚至变褐，新生根很少，生长缓慢。僵苗恢复很慢，一旦发生会大幅度降低产量。主要由低温、干旱或缺肥造成，其外部特征也不一样。产生僵化原因有以下3种。

（1）由于播种过早或遭遇连续阴雨天，致使苗床温度低，从而引起僵苗。表现为子叶较小，边缘上卷，下胚轴过短，真叶出现后迟迟不能展开，叶色灰暗，根系不发达，呈黑褐色。

（2）由于苗床干旱而引起的僵苗，表现为子叶瘦小，边缘下卷，叶片发黄，生长缓慢，根系锈黄色。

（3）由于营养土缺肥而引起的僵苗，表现为子叶上翘，叶片小而发黄，向上卷起，有时边缘干枯。

僵化苗的解决方法如下。

（1）改善育苗环境，加强增温、保温措施，减少通风量，尽可能使苗床接受更多的光照，提高床温。在育苗季节经常出现低温天气的地区，应采用加温苗床育苗。

（2）加强苗期肥水管理，适时适量浇水。

（3）注意营养土中肥料比例，若因缺肥引起的僵苗，可用99%豫艺磷酸二氢钾、健植宝、逢春等进行叶面喷洒。

（七）闪苗和闷苗

西瓜甜瓜幼苗不能迅速适应温湿度的剧烈变化而导致猛烈失水，造成叶缘上卷，甚至叶片干裂的现象称为“闪苗”；而因升温过快、通风不及时所造成的凋萎，称为“闷苗”。闪苗发生原因是通风量急剧加大或寒风侵入苗床、温度骤然下降。闷苗发生原因是连续阴雨天气，育苗棚室湿度升高，苗床低温高湿、弱光下幼苗瘦弱，抗逆性差，骤晴后苗床升温过快过高，通风不及时。解决方法如下。

（1）育苗棚室通风应从背风面开口，通风口由小到大，时间由短到长，不可突然大量通风。

（2）阴雨天气尤其是连阴天应适当增加幼苗着光量。

（3）遇到晴天较暖天气时要注意适时加大通风量或揭开薄膜大通风，以降低苗床温度。

（4）叶面喷施磷酸二氢钾、油菜素内酯等叶面肥或者植物生长调节剂进行补救。

（八）自封顶苗

育苗时常出现生长点退化，成为只有子叶或一两片真叶而无生长点的自封顶苗。轻度丛生时，一段时间后还能长出侧枝。种子陈旧或苗床温度过低，生长点附近凝结水珠易发生自封顶现象。此

外，南瓜做砧木，嫁接后苗床长时间处于17℃以下，嫁接时接穗苗龄小或苗端水珠多也易出现自封顶苗。解决方法如下。

（1）提高苗床温度，苗床适宜温度为25～28℃。

（2）使用新种子。

（3）嫁接时需用子叶完全展开的苗做接穗。

（4）适度放风。

（九）叶片白化

西瓜甜瓜苗期，子叶和幼嫩的真叶边缘失绿、白化，造成幼苗生长暂时停顿，严重时真叶干枯，导致缓苗期长甚至僵苗，更严重时子叶、真叶、生长点全部被冻死。主要是由于西瓜甜瓜出苗期通风不当、床温急剧下降所致。解决方法如下。

（1）白天育苗床温度保持在20℃以上，夜间不低于15℃。

（2）苗期早晨通风不宜过早，通风量要逐步增加，避免苗床温度骤变导致伤苗。

（十）药害

西瓜甜瓜幼苗期耐药性较差，防治病虫害时要适当降低配药浓度。西瓜甜瓜幼苗对有机磷类农药（如毒死蜱、马拉硫磷等）尤其敏感，施药后很容易发生药害而出现斑点、焦黄、枯萎甚至死亡的现象。解决方法如下。

（1）西瓜甜瓜苗期禁用有机磷类杀虫剂。

（2）出现药害后，及时用逢春、云大120、万帅一号等生长调节剂，配合健植宝、海生素、施美旺等氨基酸类叶面肥喷洒幼苗，缓解药害。

（十一）气害

瓜苗常见的气害有氨气、二氧化硫中毒等。氨气中毒表现为叶肉组织变褐色，叶片边缘和叶脉间黄化，叶脉仍绿，后逐渐干枯。二氧化硫中毒表现为幼苗组织失绿白化，重者组织灼伤，在叶片上出现界限分明的点状或块状坏死斑。

氨气中毒原因：施用未经腐熟的有机肥或一次性施入过多的铵态氮肥（如硝酸铵、硫酸铵、碳铵、磷酸二铵等），经微生物分解产生氨气。二氧化硫中毒原因：含硫的煤燃烧时产生二氧化硫，排烟系统密封不好，泄漏到棚室内。解决方法如下。

（1）及时加强通风，排除有毒气体。

（2）用食醋 300 倍液喷洒，缓解氨气中毒。

（3）用小苏打 300 倍液喷洒，缓解二氧化硫中毒。

（十二）种子不出芽或出芽率低

出现这种情况的原因是购买了陈种子或者药剂处理不当，比如浓度过大或者浸泡的时间过长，都会影响西瓜甜瓜种子的出芽率。此外，催芽的方法不当也会造成不出芽或者出芽率低。一般我们建议温箱设置在 30℃，催芽的温度过低或者过高都会影响种子发芽。解决方法如下。

（1）一定要选择正规厂家生产的种子。

（2）在催芽过程中，严格把握烫种温度、浸种时间、药剂浓度、催芽温度等。

第五章

西瓜甜瓜常见病虫害防控新技术

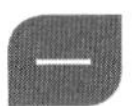

真菌病害、细菌病害与病毒病害

如何区分真菌病害、细菌病害和病毒病害，对于病害防治特别是药剂防治来说是十分重要的。不同药剂可防治的病害不同，能防治真菌的药剂对病毒病害未必有效，能防治病毒病害的药剂又可能无法防治细菌病害。

由于作物的致病真菌是一些丝状体，细菌是单细胞，病毒是没有细胞结构的分子生物，它们的新陈代谢方式以及“脾气秉性”有很大区别，可以用于防治的药剂也有所不同。常有农户反映用药防治无效，仔细询问，发现是由于未分清致病原因就使用药剂，没有对症下药。比如，番茄发生了细菌性叶斑病，却错误地喷洒杀真菌的多菌灵和甲基托布津，这样未找对根源用药就难以达到治病效果。

通常细菌有细胞结构，没有核膜包被的细胞核，只有拟核，菌群没有明显界限。真菌有细胞结构，有核膜和细胞核，以及明显的菌丝，菌群没有明显界限。病毒没有细胞结构，无核膜，要寄生才能生存，通常被蛋白质结晶包裹。3 种病害的区分，首先是看症状类型，通常我们把植物病变分成腐烂、坏死、变色、萎蔫、畸形 5 大类型。由于真菌种类很多，以上 5 类病状都可能出现于真菌引起的病变植株上。其中，最常见的是坏死和腐烂，如玉米大小斑病、小麦叶枯病、大白菜黑斑病等各种叶斑病。坏死发生在根部或茎秆上就会形成枯萎病、根腐病。细菌通常破坏细胞壁，使细胞内的物质外渗或阻塞水分和营养物质在植物体内运输，所以主要出现腐烂、萎蔫的症状。病毒侵入植物一般不会立刻使植物致死，而是改变植物的生长发育过程，引起植株颜色或形状的改变，称为变色或

畸形。

真菌和细菌都可以造成腐烂病，如何区分呢？细菌造成的腐烂往往出水很多，烂成一摊，而真菌造成的腐烂有的较干，有的湿润，上面常常长出各种颜色的霉层或小黑点、小黑粒。另一个区别是细菌造成的腐烂具有臭味，真菌病害无臭味。

叶斑病的致病原因是细菌还是真菌，如何进行辨别呢？由于细菌能够破坏植物的细胞壁、细胞膜，使细胞内物质渗到细胞间，使得患病组织变透明，所以细菌病害的病斑呈现水浸或油浸状，边缘有点透明。湿润条件下，能够在发病部位看到亮黄色小珠，是细菌的菌脓。而真菌病害会出现霉层或小黑粒，病毒病斑的表面无特殊物质出现。

由于传播方式存在差异，以上病害的致病源在田间的分布也不同。细菌和水关系密切，因此，其病害分布常与流水、淹水、雨滴飞溅有关；病毒病害分布则常和传毒昆虫的活动有关。观察病害的田间分布情况，也可以间接推测植株病情。

1. 真菌类病害特征

（1）有不同形状的病斑。

（2）病斑上有霉病物或粉状物质，病斑颜色不同，无臭味。如西瓜炭疽病在西瓜叶、蔓、果均可发生，有轮纹小斑点；西瓜叶枯病侵染叶缘，有不规则黑点或霉状物。

2. 细菌类病害特征

（1）叶片上病斑无霉状物或粉状物。病斑处透明且很薄，易破裂或串孔。

（2）根茎叶易腐烂、有臭味。

（3）根部尖端维管束易变褐色。如细菌性叶斑病：叶片上出现一些黑褐色斑点，有的近圆形或不规则形。

3. 病毒病特征

瓜类病毒病危害大，易得难治，病症主要表现在嫩叶上。

（1）花叶病毒，叶片皱缩，黄绿相间，金黄易凹，深绿易凸，无病叶平展，叶眉扇形。

（2）卷叶型，叶片扭曲，向水弯曲。

（3）厥叶型，叶片细长，叶脉上冲，呈线状。

（4）条斑型，在番茄即将成熟的果实上，出现青白色，渐变铁锈色，不易着色，果皮有褐色条纹。在辣椒果尖端向上变黄色，在变黄部位出现短的褐色条纹。

二 幼苗真菌性枯萎病和细菌性枯萎病的区别与防控

瓜菜生产中容易发生的枯萎病包括两种，一种由尖镰孢真菌引起，另一种由欧文氏细菌引起。西瓜真菌性枯萎病和细菌性枯萎病症状有许多相似之处，真菌病害一般在病害后期会出现霉状物、粉状物或粒状物。将细菌病害植株病部在交界处剪下置于显微镜下观察，发现其有菌溢出现或在潮湿状况下病部的边缘产生溢脓。在生产活动中，两者不易区别，容易混淆，以致防治不当，贻误最佳防治时机，造成重大损失。实际上，它们存在根本性区别。

1. 症状

（1）真菌性枯萎病在西瓜全生育期均能发病。苗期发病，子叶萎蔫，须根少，基部收缩，易变褐猝倒。

（2）细菌性枯萎病，又称西瓜青枯病，以为害茎蔓为主。植株染病后，上端茎蔓出现萎蔫，最后全株枯萎而死。剖开茎部，用手挤压，有乳白色菌脓溢出。但维管束一般不变色，根部也不腐烂，

是与真菌性枯萎病相区别的重要症状。

2. 病原

（1）真菌性枯萎病由半知菌类尖镰孢真菌侵染，主要为害西瓜，大多不为害黄瓜、甜瓜等。病菌一般分布于 15～30 厘米的耕作层内，8～34℃可使植株致病，24～32℃为最适侵染温度。

（2）细菌性枯萎病由西瓜萎蔫病欧文氏细菌侵染，除为害西瓜外，还为害冬瓜、甜瓜、黄瓜等葫芦科作物，最适生长温度为 25～30℃，最低生长温度为 8℃，最高生长温度为 42℃，超过最低或最高生长温度则 8～10 分钟后可致死。

3. 发病条件

（1）真菌性枯萎病主要靠土壤传播，尤其以未腐熟的有机肥为主，由胚芽、根尖和伤口侵染，发病程度取决于当年侵染的苗量。在灌水不当、连续阴雨天气的地块，土壤黏重、偏施氮肥的地块，地势低洼的地块发病重。此外，施用未腐熟的带菌有机肥，若管理粗放、土壤偏酸性、天气多变及地下害虫为害重，均易诱发染病。

（2）细菌性枯萎病病菌从伤口进入，侵染植株。西瓜生育期内，病菌通过介体甲虫进行多次侵染。若越冬食叶甲虫量大，带菌量大，或者遇到暖冬，则有利于发病。西瓜生长期内，气压低、天气闷时则发病重。

4. 防治方法

（1）真菌性枯萎病的农业防治方法如下。

①进行种子处理，可用 55～60℃的温水浸种 15 分钟，或者用 50% 的多菌灵可湿性粉剂 1 000 倍液浸种 30 分钟，或者使用杀菌剂 1 号、种子包衣剂等。

②育苗用的营养土不使用种植西瓜地块的土壤，在西瓜移栽时

避免伤根，并注重线虫的防治。

③及时清除病株并带出苗棚深埋。

（2）真菌性枯萎病的化学防治方法如下。

①在幼苗期用 70% 甲基托布津 800 倍液，70% 双效灵 1 200 倍液药剂进行喷雾防治。

②发病初期用 NEB 重茬剂每袋兑水 50 千克灌根，每株灌药液 100 毫升；4% 农抗 120 水剂 100 毫克 / 千克或 30% 噁霉灵水剂 500 毫克 / 千克，每株灌 150～200 毫升药液，每 7～10 天 1 次，连灌 2 次，可收到较好的治疗效果。

（3）细菌性枯萎病的防治方法如下。

①注重防治西瓜甲虫，减少植株伤口。

②发病初期用 78% 代森锰锌 · 波尔多液可湿性粉剂 500 倍液或 47% 加瑞农可湿性粉剂 700 倍液进行喷洒，7～10 天喷药 1 次，连喷 2～3 次。

三 西瓜甜瓜苗期常见病害防控技术

（一）蔓枯病

1. 蔓枯病的症状

蔓枯病在整个生育期均可发病，引起叶片、蔓枯死和果实腐烂。子叶受害，病斑初呈水渍状小点，逐渐扩大为黄褐色或青灰色圆形或不规则形斑，不久扩展至整个子叶，引起子叶枯死。茎部受害，初现水渍状小斑，后迅速向上向下扩展，并可环绕幼茎，引起幼苗枯萎死亡。蔓枯病喜欢高温高湿的环境条件。

2. 蔓枯病的防控方法

（1）用36%三唑酮·多悬浮剂（粉霉灵）100倍液浸泡种子30分钟，晾干后直播；也可用咯菌腈种衣剂包衣种子。

（2）育苗时采用噁霉灵可湿性粉剂进行基质消毒防治。

（3）育苗移栽前3～5天，每亩用36%三唑酮·多悬浮剂（粉霉灵）100克，兑水50千克喷雾，也可用20%丙硫多菌灵悬浮剂2 000倍液喷雾进行带药移栽，可减轻发病。

（4）发病初期集中喷药。可选用75%百菌清可湿性粉剂600倍液、70%代森锰锌可湿性粉剂500倍液、50%多菌灵可湿性粉剂600倍液。重点喷于瓜秧中下部茎叶和地面。发病初，刮除茎部病斑，涂抹25%多菌灵可湿性粉剂10倍液，有较好的治疗效果。保护地可用百菌清等粉尘剂或烟剂，5～7天1次，防治2～3次。

（二）炭疽病

1. 炭疽病的症状

炭疽病在整个生长期内均可发生，但以植株生长中期后期发生最重，造成植株落叶枯死、果实腐烂。幼苗发病时，子叶上出现圆形褐色病斑，发展到幼茎基部变为黑褐色，且缢缩，甚至倒折。成株期发病时，叶片上出现水浸状、圆形淡黄色斑点，随后变褐色，边缘紫褐色，中间淡褐色，有同心轮纹。病斑扩大相互融合后易引起叶片穿孔干枯。

2. 炭疽病的发病条件

10～30℃均可发病，气温20～24℃、相对湿度90%～95%时易发病，气温高于28℃，湿度低于54%，发病轻或不发病。

3. 炭疽病的防控方法

（1）选用无病种子，或进行种子消毒。55℃温水浸种 15 分钟后冷却或用 30% 苯噻氰（倍生）乳油 1 000 倍液浸种 6 小时，并带药催芽育苗或直播；用硫酸链霉素 150 倍液，浸种 15 分钟，也可每 50 千克种子用 10% 咯菌腈种衣剂 50 毫升，先以 0.25～0.50 千克水稀释药液，均匀对瓜种包衣，晾干后播种。

（2）化学防治。保护茎蔓、叶片和果实不被病菌感染，苗期用 80% 炭疽福美可湿性粉剂 600 倍或 50% 多菌灵可湿性粉剂 500 倍均匀喷雾，7～10 天喷药一次，连续 2～3 次。此外可用 70% 代森锰锌可湿性粉剂 500 倍液、72.2% 霜霉威、丙酰胺（普力克）水剂 700 倍液，10% 恶醚唑（世高）水分散粒剂 1 000 倍液、30% 倍生乳油 1 000 倍液、80% 炭疽福美可湿性粉剂 800 倍液、2% 抗霉菌素水剂 200 倍液、武夷菌素（BO-10）水剂 150 倍液 7～10 天喷药 1 次，连续 2～3 次，也有很好的防治效果。

（三）疫病（症状类似于果斑病）

疫病在西瓜茎、叶、果上均可发病。高湿是此病流行的主要因素，在雨季排水不良、通风不好、低洼潮湿的田块发病严重，大雨或大水漫灌后可造成疫病大范围发生。

1. 疫病症状

幼苗、成株均可发病，为害叶、茎及果实。子叶染病出现水浸状暗绿色圆形斑，中央逐渐变成红褐色。真叶染病，初生暗绿色水浸状圆形或不整形病斑，迅速扩展，湿度大时，腐烂或似开水烫过，干后为淡褐色，易破碎。茎基部染病，生纺锤形水浸状暗绿色凹陷斑，包围茎部且腐烂，近地面处缢缩或枯死，造成患部以上全

部枯死。

2. 传播途径和发病条件

以菌丝体或卵孢子随病残体在土壤中或粪肥里越冬，翌年产生分生孢子，借气流、雨水或灌溉水传播。种子虽可带菌，但带菌率不高。湿度大时，病斑上产生孢子囊及游动孢子进行再侵染。发病温度范围5～37℃，最适温度20～30℃。

3. 防控方法

（1）种子消毒。播前用55℃温水浸种15分钟或用30%苯噻氰（倍生）乳油1 000倍液，浸种6小时，带药催芽、育苗或直播。

（2）发病初期提倡使用恩益碧（NEB），每亩用菌根5袋，每袋兑水50千克灌根，每株灌兑好的药液100毫升或喷洒72%锰锌·霜脲（克露）可湿性粉剂700倍液、52.5%抑快净水分散粒剂1 500倍液、70%锰锌·乙铝可湿性粉剂500倍液、72.2%霜霉威、丙酰胺（普力克）水剂600倍液、58%甲霜灵锰锌可湿性粉剂500倍液、25%烯肟菌酯（佳斯奇）乳油900倍液，7～10天喷药1次，连续防治3～4次，必要时还可用上述杀菌剂灌根，每株灌兑好的药液0.4～0.5千克，喷洒与灌根同时进行，防效明显提高。若对上述杀菌剂产生抗药性，可改用66.8%丙森缬霉威可湿性粉剂800倍液、69%安克锰锌可湿性粉剂600倍液或60%氟吗啉·锰锌可湿性粉剂700倍液。

（四）枯萎病

枯萎病俗称蔓割病、萎凋病、萎蔫病、死秧病，枯萎病是真菌引起的病害，病菌在土壤、肥料、病残体、种子上越冬，在田间主要靠风雨、灌溉水、肥料、农具、种子、地下害虫和线虫传播，由根尖或伤口侵入。发病的适宜温度在20～25℃。幼苗发病时呈立枯状。

1. 症状

发病初期叶片从后向前逐渐萎蔫，似缺水状，中午尤为明显，但早晚可恢复，3～6天后，整株叶片枯萎下垂，不能复原。茎蔓基部缢缩，有的病部出现褐色病斑或琥珀色胶状物。病根变褐腐烂，茎基部纵裂，病茎纵切面上维管束变褐。湿度大时病部表面生出粉红色霉，即病菌分生孢子梗和分生孢子。

2. 传播途径和发病条件

主要以菌丝、厚垣孢子或菌核形式在未腐熟的有机肥或土壤中越冬，成为翌年主要侵染源。该菌能在土壤中存活6年，商品种子带菌率高，播种带病种子，发芽后病菌即侵入幼苗，成为次要侵染源。根的分泌物刺激厚垣孢子萌发，从根毛顶端细胞间或根部伤口侵入，先在细胞内或薄壁细胞间生长后进入维管束，在导管内发育，破坏细胞，阻塞导管，干扰新陈代谢，致植株萎蔫、中毒枯死。该病系土传病害，发病程度取决于当年侵染的菌量，生产上遇有日照少、连续阴雨天多、降水量大、土壤黏重、地势低洼、排水不良、管理粗放的连作地，根系发育欠佳发病重。

3. 防控方法（无公害防治法）

（1）选用抗病品种。

（2）提倡用南瓜、瓠子或葫芦砧木进行嫁接防治枯萎病。

（3）种子处理方面，用50～55℃温水浸种30～40分钟，也可用30%苯噻氰（倍生）乳油1 000倍液浸种6小时，带药催芽或直播。

（4）苗床及土壤处理。用50%多菌灵可湿性粉剂1千克加200千克苗床营养土拌匀，撒入苗床或定植穴中，也可用50%多菌灵可

湿性粉剂1千克、40%拌种双粉剂1千克掺入25～30千克细土或粉碎的饼肥，于播种前撒于定植穴内，与土混合后，隔2～3天播种。

（五）猝倒病

猝倒病是西瓜甜瓜苗期的主要病害。连日阴雨并有寒流的天气、气温低、白天光照不足、苗床湿度大均易导致发病。

1. 症状

发病初期，幼苗近地面处的茎基部或根茎部，出现黄色或黄褐色水渍状病斑，围绕幼茎扩展，使幼茎干枯收缩呈线状。病苗逐渐青枯，倒伏而死，严重时引起成片幼苗猝倒。

2. 防控方法

（1）合理轮作，因地制宜选育和种植抗病品种；选用无病新土、塘土、稻田土育苗，并喷施消毒药剂加新高脂膜对土壤进行消毒处理，播种前可用新高脂膜拌种，下种后随即用药土盖种，并喷施新高脂膜提高出苗率。

（2）加强苗期管理，施用充分腐熟的有机肥，避免偏施氮肥；适时灌溉，雨后及时排水，防止田间湿度过大；喷施新高脂膜，防止病菌侵染，提高抗自然灾害能力和光合作用强度，保护幼苗茁壮成长。

（3）齐苗后及时喷施72.2%霜霉威、丙酰胺（普力克）水剂、58%甲霜灵锰锌可湿性粉剂等针对性药剂进行防治，并配合喷施新高脂膜800倍液增强药效，提高药剂有效成分利用率，巩固防治效果。

（六）绵腐病

症状为苗期染病，引起猝倒。

防控方法同猝倒病防治措施。

（七）立枯病

1. 立枯病症状表现

立枯病多发生在秧苗生长中、后期。种子未出土前受害，造成烂种；刚出土的幼苗受害，茎基部产生椭圆形暗褐色病斑，病苗白天萎蔫，夜间恢复正常，当病斑绕茎一周时，病部凹陷，茎基部干枯缢缩，幼苗倒伏死亡。幼苗中期后，茎部已木质化，茎基部虽然发病，病苗仍直立不倒，故名立枯病。在湿度大的条件下，患病部位长出白色霉层，稍大病苗的病部产生蛛网状淡褐色霉层。

2. 发病规律

病菌以菌丝和菌核形式在土壤或寄主病残体上越冬，腐生性较强，可在土壤中存活 2～3 年。混有病残体的未腐熟堆肥，以及在其他寄主植物上越冬的菌丝体和菌核，均可成为病菌的初侵染源。病菌通过雨水、流水、沾有带菌土壤的农具以及带菌的堆肥传播，从幼苗茎基部或根部伤口侵入，也可穿透寄主表皮直接侵入。

病菌生长适温为 17～28℃，12℃以下或 30℃以上病菌生长受到抑制，故易在苗床温度较高、幼苗徒长时发病重，以及在土壤湿度偏高，土质黏重以及排水不良的低洼地发病重。此外，若光照不足，光合作用差，植株抗病能力弱，也易发病。

3. 防控方法

（1）农业防控。

①严格选用无病菌新土配制营养土育苗。

②苗床上壤处理可用40%亚氯硝基苯和50%福美双以1∶1比例混用，也可以每平方米用40%拌种8克，与细土混匀施入苗床。

③适期播种，一般以5厘米地温稳定在12～15℃时开始播种为宜。

（2）种子处理。

①药剂拌种，用药量为干种子重量0.2%～0.3%。常用农药有40%拌种双可湿性粉剂、50%敌克松可湿性粉剂和20%甲基立枯磷乳油等拌种剂。

②种衣剂处理方面，种衣剂与瓜种之比按说明使用。

（八）瓜类果斑病

瓜类果斑病，是一种检疫性病害，又叫细菌斑点病、西瓜水浸病、果实腐斑病。该病最初发生于美国，近年来，我国东北和西北等地不断出现。该病主要引起西瓜果实表面产生水浸状的不定形病斑，严重时引起果皮龟裂腐烂，降低西瓜的商品价值，甚至造成绝收。

1. 症状

西瓜整个生长期均可受害，引起子叶、真叶和果实发病。幼苗期，子叶下侧最初出现水浸状褪绿斑点，子叶张开时，病斑变为暗棕色，沿主脉发展成黑褐色坏死斑。幼小真叶上的病斑，初期较小，暗棕色，周围有黄色晕圈，通常沿叶脉发展。

2. 病原

属细菌，革兰氏染色阴性，可在4～41℃温度范围内生长，除为害西瓜外，还可为害黄瓜和西葫芦。该菌生长适温为28.6℃，人工接种 2～3 天即可显症。目前尚未最后确定该菌所属。

3. 发病规律

病菌主要在种子和土壤表面的病残体上越冬，在埋入土中的西瓜皮上可存活 8 个月，在病残体上可存活 2 年。在温暖地区，田间自生瓜苗也可成为病菌的宿主。带菌种子是病害远距离传播的主要途径，带菌种子萌发后，病菌侵染幼苗的子叶及真叶，完成初侵染。高温、高湿有利于发病，气温 24～28℃持续 1 小时，病菌就能侵入潮湿的叶片，潜伏期 3～7 天，特别在炎热季节又伴有暴风雨时，病害的发生随之加重。

4. 防控方法

（1）加强检疫，不用病区的种子，发现病种应就地销毁，严禁外销。采用无菌种子。

（2）选用优良早熟品种。怀疑种子带菌，可用 40% 福尔马林水溶液 150 倍液浸种 30 分钟后，用清水冲净浸泡 6～8 小时，再催芽播种。有些西瓜品种对福尔马林敏感，用前应先试验，以免产生药害。也可用 50～55℃温水浸种 20 分钟，再催芽播种或用中国农业科学院研发的杀菌剂一号浸种消毒。

（3）加强管理，采用棚室无病基质育苗。

（4）田间出现病害，可用抗生素进行喷雾防治。抗生素可选用农用链霉素、四环素等药剂在发病初期喷洒，根据天气及发病情况每 7～10 天喷 1 次药。

（九）病毒病

西瓜病毒病，俗称小叶病、花叶病，全国各地区均有发生，北方瓜区以花叶型病毒病为主，南方瓜区蕨叶型病毒病发生较普遍，

尤以秋西瓜受害最重。该病危害程度的轻重与种子带菌率和蚜虫发生数量密切相关。甜瓜病毒病是由黄瓜花叶病毒、南瓜花叶病毒等多种病毒侵染引起的、发生在甜瓜的病害。

1. 症状

西瓜苗期的病毒病主要有两种，分别是花叶病毒病和蕨叶病毒病。花叶病毒病的症状包括叶片皱缩不平、新生叶片畸形以及植株顶端节间的缩短。蕨叶病毒病则表现为新叶线状狭长、幼叶皱缩扭曲、主蔓变粗和新生蔓的纤细扭曲。甜瓜病毒病有花叶型和坏死型两大类症状。花叶型植株顶部叶片现褪绿斑点，新叶畸形、变小，叶片成熟后黄绿镶嵌花斑，皱缩。坏死型植株病叶变得窄长，皱缩畸形。

2. 传播途径和发病条件

西瓜病毒病主要由病毒汁液摩擦接种传播，也可由桃蚜、棉蚜等进行非持久性传毒。

3. 防控方法（无公害防治法）

选用较抗病品种，并进行如下处理。

（1）种子消毒处理，集中育苗。

（2）发病初期开始喷洒 5% 菌毒清水剂 500 倍液或 24% 混脂酸 · 铜水剂 800 倍液、20% 吗啉胍 · 乙铜水剂 500 倍液、3.85% 三氮唑核苷 · 铜 · 锌（病毒必克）水乳剂 600 倍液、6% 菌毒 · 烷醇（病毒克）可湿性粉剂 700 倍液、2% 宁南霉素（菌克毒克）水剂 500 倍液、0.5% 菇类蛋白多糖水剂 250～300 倍液、10% 混合脂肪酸铜水剂 100 倍液，7～10 天喷药 1 次，连续防治 2～3 次。

参考文献

陈玉华，徐国祥，朱科，等，2019. 新型清洁能源技术 [M]. 北京：知识产权出版社.

陈宗光，2015. 穴盘与营养钵育苗对西瓜幼苗质量的影响 [J]. 中国瓜菜，28（6）：26–28.

陈宗光，江姣，祖嘉笠，等，2016. 不同穴盘营养土配置对西瓜幼苗生长的影响 [J]. 中国瓜菜，29（11）：37–40.

陈宗光，江姣，祖嘉笠，等，2017. 不同浓度壮苗药剂处理对西瓜幼苗生长的影响 [J]. 中国瓜菜，30（12）：36–38，49.

成福庆，温靖，邵珊珊，等，2023. 现代信息技术与智能装备技术在蔬菜种植中的应用 [J]. 农业工程技术，43（23）：24–30.

高凤菊，贺洪军，2010，不同环境因子对西瓜幼苗素质的影响 [J]. 山东农业科学（6）：43–46.

韩兰兰，2016. 西瓜对低温、弱光及其双重胁迫的响应分析 [D]. 武汉：华中农业大学.

胡宝贵，朱莉，曾剑波，等，2019. 北京市西甜瓜产业发展研究 [M]. 北京：中国农业科学技术出版社.

黄芸萍，张华峰，严蕾艳，等，2015. 不同人工补光光源对早春西瓜嫁接苗生长的影响 [J]. 中国蔬菜（10）：26–30.

江姣，陈宗光，张保东，等，2017. 北京市西甜瓜育苗产业分析与

展望[J]. 中国瓜菜，30（2）：34–37.

江姣，哈雪姣，刘继培，等，2022. 西瓜、甜瓜实用技术汇编[M]. 北京：中国农业科学技术出版社.

江姣，张保东，芦金生，等，2018. 北京观光采摘小果型西瓜品种研究[J]. 北方园艺（23）：56–59.

李金萍，孙贝贝，尹哲，等，2021. 北京市西瓜主要虫害发生特点及防治用药现状[J]. 农业工程技术，41（10）：65–68.

李祖亮，孙斌，陈阳，2019. 早春小果型西瓜品种引进试验初报[J]. 福建农业科技（1）：23–25.

林燚，杨瑜斌，王驰，2015. 温岭市西瓜种苗产业发展现状、存在问题及对策[J]. 中国瓜菜，28（3）：66–68.

刘海和，2012. 西瓜、甜瓜安全优质高效栽培技术[M]. 北京：化学工业出版社.

刘雪兰，2010. 设施甜瓜优质高效栽培技术[M]，北京：中国农业出版社.

马超，宫国义，曾剑波，等，2019. 北京市西瓜甜瓜品种构成现状分析[J]. 中国蔬菜，32（11）：91–93.

那伟民，2012. 甜瓜保护地栽培[M]. 北京：金盾出版社.

曲明山，赵英杰，李婷，等，2023. 科学施肥科普知识一本通[M]. 北京：中国农业科学技术出版社.

尚庆茂，2011. 创新与发展——中国蔬菜集约化育苗[J]. 蔬菜：1–3，9.

孙小武，2001. 精品瓜优质高效栽培技术[M]. 北京：金盾出版社.

田甜，吕敏，田旸，等，2014. 石墨烯的生物安全性研究进展[J].

科学通报，59（20）:1927-1936.
王查香，欧安锋，2011. 无籽西瓜秋季高产种植技术 [J]. 中国农业信息（5）：33-34.
王辉，2011. 无籽西瓜简要栽培技术 [J]. 农家参谋（种业大观）（6）：50.
温庆文，朱芝英，钟霞，等，2007. 蔬菜夏季遮阳网育苗技术 [J]. 西北园艺（5）：21-22.
许楚荣，2008. 华南地区主要温室类型及夏季降温措施 [J]. 温室园艺（2）：12-13.
于琪，陈宗光，江姣，等，2021. 北京观光采摘彩虹瓤小果型西瓜品种研究 [J]. 农业科技通讯（1）：167-169.
张保东，江姣，哈雪姣，等，2017. 西瓜甜瓜关键栽培技术 [M]. 北京：中国农业科学技术出版社.
张保东，江姣，芦金生，等，2018. 图说西甜瓜健康栽培与病虫害技术问答 [M]. 北京：中国农业科学技术出版社.
张琳，杨艳涛，文长存，等，2015. 中国西瓜市场分析与展望 [J]. 农业展望，11（6）：21-24.
中国农业科学院郑州果树研究所，中国西瓜甜瓜专业委员会，中国园艺学会西甜瓜协会，2001. 中国西瓜甜瓜 [M]. 北京：中国农业出版社.

鸣谢：全国各科研院所、种苗中心、农业技术推广站、种子公司、蔬菜研究中心、农业发展有限公司、科技发展有限公司等提供种质与技术信息。